U0140739

智能信号处理

基于仿生智能优化

陈雷 ◎ 著

清华大学出版社
北京

内 容 简 介

本书是在国内外仿生智能优化相关理论与应用研究的基础上，结合多年的研究成果，介绍和阐述将仿生智能优化算法应用于信号处理相关问题的理论和方法。本书共分 5 章，系统地介绍了基于仿生智能优化的智能信号处理的基本理论和算法。书中分析了仿生智能优化算法的特点及优势，给出了基于仿生智能优化的智能信号处理框架，介绍了多种性能优良的仿生智能优化算法，系统地研究了基于仿生智能优化的盲信号分离技术、高光谱图像解混技术和三维点云拼接技术等三大类基于仿生智能优化的智能信号处理技术，针对算法的模型建立、目标函数的构造、参数编码方法及算法性能分析与验证等内容进行了详细的阐述。

全书着眼于学术前沿，视角新颖、深入浅出，循序渐进，既注重对基本原理的阐述，也对算法的提出与应用效果进行了系统分析验证，并力求语言表达精炼准确。

本书可供信息科学、计算机科学与技术、统计学、人工智能等领域的科研人员和专业人士参考。

图书在版编目(CIP)数据

智能信号处理：基于仿生智能优化/陈雷著. —北京：清华大学出版社，2023.1
ISBN 978-7-302-62419-6

Ⅰ.①智… Ⅱ.①陈… Ⅲ.①人工智能－应用－信号处理 Ⅳ.①TN911.7

中国国家版本馆 CIP 数据核字(2023)第 004170 号

责任编辑：汪汉友
封面设计：何凤霞
责任校对：申晓焕
责任印制：宋 林

出版发行：清华大学出版社
    网 址：http://www.tup.com.cn, http://www.wqbook.com
    地 址：北京清华大学学研大厦 A 座 邮 编：100084
    社 总 机：010-83470000 邮 购：010-62786544
    投稿与读者服务：010-62776969，c-service@tup.tsinghua.edu.cn
    质量反馈：010-62772015，zhiliang@tup.tsinghua.edu.cn
    课件下载：http://www.tup.com.cn,010-83470236
印 装 者：三河市铭诚印务有限公司
经 销：全国新华书店
开 本：170mm×230mm 印 张：12 字 数：215 千字
版 次：2023 年 3 月第 1 版 印 次：2023 年 3 月第 1 次印刷
定 价：99.00 元

产品编号：088125-01

　　仿生智能优化算法是模拟自然界生物进化过程，进行最优化问题求解的智能方法。仿生智能优化算法原理结构清晰、全局优化能力优异，有效克服了传统优化方法的一些固有缺点，已广泛应用于语音识别、分布参数估计、图像视频处理、遥感光谱处理和排序调度等多学科领域，在实际工程应用中发挥了重要而积极的作用。采用仿生智能优化算法替代传统的梯度类优化算法解决信号处理问题是一个非常可行且具有良好发展前景的研究方向。

　　本书是作者及其所指导或参与指导的研究生田雨、蔺悦、尹钧圣、甘士忠、韩大伟、孙彦慧、薛允艳、邹力、徐伟、李垚、穆青爽等自 2008 年开始，在国家自然科学基金项目"基于群智能优化的复杂混合盲信号分离算法研究"（61401307）、国家自然科学基金重点项目"大场景目标纹理特征的中远距离、高分辨率三维测量与定位研究"（61535008）、中国博士后科学基金项目"基于深度神经网络的高光谱图像非线性解混技术研究"（2014M561184）和天津市应用基础与前沿技术研究计划项目"基于仿生智能优化的并行高光谱图像解混技术研究"（15JCYBJC17100）等课题的资助下，将仿生智能优化算法与智能信号处理问题相结合，系统地研究了基于仿生智能优化算法的智能信号处理技术，一些研究成果已在国内外重要学术期刊和会议上发表。本书作为这些研究成果的总结和提炼，反映了目前国内外利用仿生智能优化算法解决语音信号处理、高光谱图像信号处理和三维点云数据处理的最新研究进展和前沿课题。

　　本书共分 5 章。第 1 章为绪论，介绍了仿生智能优化算法的特点及优势，给出了基于仿生智能优化的智能信号处理框架；第 2 章为仿生智能优化算法，介绍了粒子群优化算法、人工蜂群算法、细菌优化算法、蝙蝠算法、樽海鞘群算法和鲸群优化算法等多种性能优良的仿生智能优化算法的优化机制和原理；第 3 章为基于仿生智能优化的盲信号分离技术，分析了盲信号分离的模型、信号分离的判据及对信号分离算法性能评判的主客观方法；第 4 章为基于仿生智能优化的高光谱图像解混技术，分析了高光谱图像解混的模型，研究了基于仿生智能优化的高光谱图像线性解混方法和非线性解混方法;第 5 章为基于仿生智能优化的三维点云拼接技术,研究了基于哈希表和飞蛾火焰优化的点云拼接算法、基于色彩信息的自适应进化点云拼接算法及基于重采样策略与人工蜂群优化的点云拼接算法。

感谢天津商业大学张立毅教授、天津大学李锵教授、河北工业大学周亚同教授等多年来对作者进行仿生智能优化相关理论及其应用相关研究工作的大力支持,以及在本书编写过程中的热情帮助。本书编写过程中也参阅和引用了国内外学者的部分相关文献,在此致以诚挚的敬意。

由于作者水平有限,书中难免会出现一些疏漏和不妥之处,恳请读者和专家批评指正。

作　者

2023 年 3 月

CONTENTS >>>

目　录

第 1 章

绪　　论

1.1　仿生智能优化算法的特点及优势

仿生智能优化算法(bio-inspired intelligent optimization algorithm)是模拟自然界中生物的进化过程进行最优化问题求解的智能方法。近些年,为了克服传统的梯度类优化方法对初始值要求高、易陷入局部收敛的局限性,模拟自然界中生物进化的仿生智能优化算法发展迅速,从最初的遗传算法(genetic algorithm,GA),发展出后来的粒子群优化(particle swarm optimization,PSO)算法、蚁群优化(ant colony optimization,ACO)算法、细菌觅食(bacterial foraging,BF)算法和鱼群(fish swarm,FS)算法等,仿生智能优化算法原理结构清晰、全局优化能力优异,有效克服了传统优化算法中的一些固有缺点,已广泛应用于语音识别、分布参数估计、图像视频处理、遥感光谱处理和排序调度等多个领域,在实际工程应用中发挥了重要而积极的作用。

随着仿生智能优化算法在各领域应用的不断深入,针对不同技术应用的多模态、高数据维优化求解要求不断涌现,从而对算法的全局收敛能力和优化求解精度提出了更高的要求。为此,一些学者基于生物进化的新思想提出了人工蜂群(artificial bee colony,ABC)算法、蝙蝠算法(bat-inspired algorithm,BA)、布谷鸟搜索(cuckoo search,CS)算法、微分搜索(differential search,DS)算法、哈里斯鹰优化(Harris hawks optimization,HHO)算法、樽海鞘群算法(salp swarm algorithm,SSA)、松鼠搜索算法(squirrel search algorithm)、海洋捕食者算法(marine predators algorithm)、麻雀搜索算法(sparrow search algorithm)、天鹰优化算法(aquila optimizer algorithm)等许多新颖的仿生智能优化算法,以及在这些算法的基础上陆续提出的性能更加优良的改进算法。

与传统的梯度类优化方法相比,仿生智能优化算法具有算法原理简单、全局收敛性好、寻优精度高等优点,是解决复杂优化求解问题的更有效方法。对于实际最优化问题的求解,仿生智能优化算法无须公式推导就可直接对目标函数进行最优化求解。对于有约束的优化问题,仿生智能优化算法具有先天优势,其在优化求解过程中引入约束项比传统的梯度类方法更加灵活、简便。因此,采用仿生智能优化算法替代传统的梯度类优化方法解决信号处理问题是一个非常可行且具有良好发展前景的研究方向。

目前,很多国内外学者开始利用仿生智能优化算法解决信号处理中的相关问题,并取得了良好的效果。例如,在语音信号领域,利用仿生智能优化算法进行语音盲分离、语音去噪、语音识别等工作;在图像信号领域,利用仿生智能优化算法进行图像增强、图像分割、图像解混、图像分类等工作;在三维信号领域,利用仿生智能优化算法进行三维点云配准、三维航迹规划、三维形貌测量等工作。

1.2 基于仿生智能优化的智能信号处理框架

采用仿生智能优化算法进行智能信号处理问题的研究,其原理可以概括为下面的等式:

$$信号处理算法＝目标函数＋优化算法$$

其总体研究框架如图 1-1 所示。

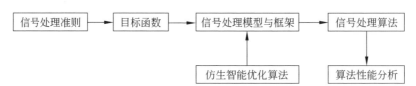

图 1-1　基于仿生智能优化的智能信号处理总体研究框架

可以按照"根据所解决的信号处理问题确定信号处理准则→根据信号处理准则构造算法中的目标函数→根据目标函数构造信号处理模型与框架→使用仿生智能优化算法在该模型与框架下对目标函数进行优化求解→得到新的信号处理算法→对信号处理算法进行性能分析"这一总体技术路线,以"目标函数＋优化算法"的研究方法开展研究工作。

下面以基于仿生智能优化的盲信号分离算法的研究为例进行阐述。

1. 研究思路

(1) 研究新近提出的仿生智能优化算法的基本原理,提出对原算法的改进策略,从而得到全局收敛性更优、寻优精度更高和寻优速度更快的改进仿生智能优化算法。

(2) 采用仿生智能优化算法进行卷积混合和非线性混合情况下信号分离准则的研究。

对于大部分盲信号分离算法,其原理可以概括为下面的等式:

盲信号分离算法＝目标函数(分离准则)＋优化算法

进行卷积混合和非线性混合类型盲信号分离算法的研究,首先要确定分离准则。应从两类混合模型下不同类型信号的可分性理论入手,研究卷积混合和非线性混合情况下信号的统计特性和结构特性,并与瞬时线性混合盲分离算法中的分离准则进行比较分析,研究适于采用仿生智能优化算法进行求解的分离准则(如信号累积量、信号时间结构和信息论原理等),再依据分离准则构造具体的目标函数。

(3) 卷积混合和非线性混合情况下盲分离系统模型的构造与优化求解过程研究。

首先研究卷积混合和非线性混合盲分离问题与瞬时线性混合盲分离问题的关联和区别。在卷积混合模型中,混合矩阵已由标量矩阵变化为滤波器组;在非线性混合模型中,源信号在经历线性混合后又叠加了非线性畸变效应。因此,分离难度已大大增加。

① 卷积混合分离系统模型的构造与优化求解。

* 时域方法:构造卷积混合的求逆滤波系统模型,研究采用仿生智能优化算法求解该模型的方法,从而得到分离滤波器组,实现信号的成功分离。
* 频域方法:将混合信号从时域变换到频域,从而得到各频率片上的线性混合信号。研究构造各频率片上的分离模型及采用仿生智能优化算法求解该模型的方法,最终将各频率片上的分离信号合成时域分离信号。

② 非线性混合分离系统模型的构造与优化求解。

首先研究针对不同类型的非线性函数,构造非线性畸变消除网络系统模型的方法;进而研究构造非线性畸变消除后的线性分离模型。研究采用仿生智能优化算法求解非线性畸变消除网络模型和线性分离模型联立得到的整体分离系统的方法,从而得到非线性畸变消除网络参数和线性阶段的分离矩阵,最终由它们共同作用实现信号的分离。

在研究过程中,应充分利用仿生智能优化算法优异的全局优化性能,在构造的分离模型下对目标函数进行优化求解,研究得到实现复杂混合情况下多通道盲分离任务的有效、稳健的新算法。

2. 具体研究方法

1) 仿生智能优化算法的改进算法研究

对各种仿生智能优化算法的寻优机理进行深入研究,分析该类基本仿生智能优化算法在算法结构和寻优机制中的不足之处,再利用先进的寻优策略和思想对基本算法进行改进,从而得到性能更加优异的改进优化算法。

仿生智能优化算法的性能优劣主要体现在全局收敛性、寻优速度和寻优精度 3 方面。尽管很多新近提出的仿生智能优化算法已具有较好的优化性能,但将其用于解决复杂混合盲信号分离这类多极值、高难度的优化问题时,仍需对算法进行进一步改进。并将得到的改进算法针对主流测试函数进行优化求解实验,验证所改进算法的性能。

2) 基于仿生智能优化的卷积混合盲信号分离算法研究

对于卷积混合盲信号分离算法的研究,可从时域角度和频域角度分别进行研究,提出基于仿生智能优化的分离算法。

(1) 时域卷积混合盲分离算法。

基于仿生智能优化的时域卷积混合盲分离算法技术路线如图 1-2 所示。

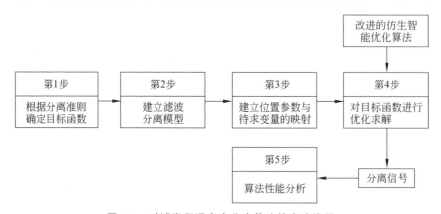

图 1-2　时域卷积混合盲分离算法技术路线图

具体研究方案如下。

第 1 步,首先依据信号累积量、信号时间结构和信息论原理等分离准则构造盲分离的目标函数。

第 2 步,研究确定解卷滤波器的类型和阶数,根据混合信号数量和解卷滤波器阶数构造基于解卷滤波器组的滤波分离模型。

第 3 步,建立仿生智能优化算法中搜索群体的位置参数与分离模型中待求变量的对应映射关系。

第4步,使用改进的仿生智能优化算法对目标函数进行优化求解,得到解卷滤波器组的滤波器系数,实现对信号的分离。

第5步,针对分离结果,利用相关系数、重构信噪比等指标进行算法分离性能的分析与评价。

(2)频域卷积混合盲分离算法。

基于仿生智能优化的频域卷积混合盲分离算法技术路线如图1-3所示。

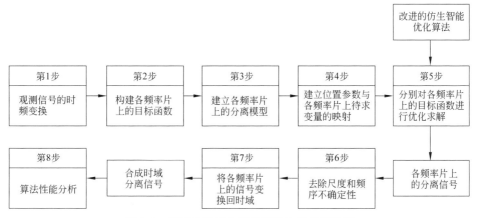

图1-3 频域卷积混合盲分离算法技术路线图

具体研究方案如下。

第1步,利用短时傅里叶变换(STFT)把观测信号从时域变换到频域,得到多个频率片上的瞬时线性混合信号。

第2步,针对各频率片上的瞬时线性混合信号,依据信号累积量、信号时间结构和信息论原理等分离准则构造盲分离的目标函数。

第3步,根据混合信号数量建立各频率片上基于线性分离矩阵的分离模型。

第4步,在各频率片上分别建立仿生智能优化算法中搜索群体的位置参数与分离模型中待求变量的对应映射关系。

第5步,使用改进的仿生智能优化算法对各频率片上的目标函数分别进行优化求解,得到各频率片上的分离矩阵,进而得到各频率片上的分离信号。

第6步,采用相邻频率点求幅度相关等有效方法去除尺度不确定性和顺序不确定性。

第 7 步,对各频率片上的分离信号进行短时傅里叶逆变换(ISTFT),合成得到时域分离信号。

第 8 步,针对分离结果,利用相关系数、重构信噪比等指标进行算法分离性能的分析与评价。

3)基于仿生智能优化的非线性混合盲信号分离算法研究

针对非线性混合盲信号分离问题,分离算法的模型框架结构主要包括去非线性模块和线性分离模块两部分。应构造两大模块的联立分离系统,使用仿生智能优化算法对其进行优化求解,从而实现非线性混合信号的分离。基于仿生智能优化的非线性混合盲分离算法技术路线如图 1-4 所示。

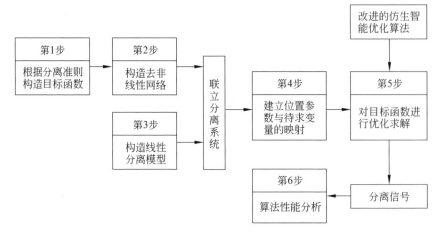

图 1-4 非线性混合盲分离算法技术路线图

具体研究方案如下。

第 1 步,根据源信号的统计特性和信号时间结构等属性确定分离准则,并依据分离准则构造盲分离的目标函数。

第 2 步,针对分离模型框架中的非线性部分,研究采用深度神经网络、多层感知器(MLP)等结构构造去非线性网络来逼近多种非线性混合函数的逆的方法。

第 3 步,针对分离模型框架中的线性混合部分,构造基于线性分离矩阵的分离模型结构。

第 4 步,根据去非线性网络和线性分离模型综合得到联立分离系统,进而建立仿生智能优化算法中搜索群体的位置参数与联立分离系统中待求参数的对应映射关系。

第 5 步,使用改进的仿生智能优化算法对目标函数进行优化求解,得到对应于非线性混合函数的去逆网络及线性分离部分的分离矩阵,从而实现对信号的分离。

第 6 步,针对分离结果利用相关系数、重构信噪比等指标进行算法分离性能的分析与评价。

采用仿生智能优化算法替代传统的梯度类优化方法,进行卷积混合和非线性混合盲信号分离问题的求解,可以有效克服基于梯度类优化方法的盲分离算法容易陷入局部收敛和分离精度低的局限性,从而实现多通道复杂混合信号的更高精度分离。相对基于梯度优化的传统盲分离算法,基于仿生智能优化的方法可以在很大程度上避免传统盲分离算法研究过程中复杂的公式推导过程和非线性函数的选取等误差引入环节,具有建模简单、分析求解过程原理清晰、易懂的特点。

进一步,可在该模型框架下,根据各类信号处理问题的实际求解需要构造相应的目标函数,研究对应的参数编码方法,改进提出性能优良的仿生智能优化算法,进行优化求解,从而得到各种基于仿生智能优化的智能信号处理算法,有效解决诸多领域中的实际信号处理问题。

第 2 章

仿生智能优化算法

2.1 粒子群优化算法

粒子群优化(particle swarm optimization, PSO)算法是由美国学者 J. Kennedy 和 R. C. Eberhart 于 1995 年提出的仿生智能优化算法。PSO 算法模拟鸟群觅食过程,将优化问题的搜索空间比作鸟儿觅食的活动空间,并将每只鸟抽象为一个无体积和质量的粒子,代表优化问题的一个可能解。PSO 算法通过粒子个体之间的合作与竞争行为实现多维优化空间中最优解的搜索。与遗传算法和蚁群算法相比,PSO 算法具有优化性能好、易于实现等优点。

在 PSO 算法中,粒子模拟鸟在 D 维搜索空间中飞行,并根据自身的飞行经验和粒子群的群体经验来调整飞行速度和所处位置。每个粒子都有一个被目标函数所决定的适应值,并能够记忆自己的当前位置和迄今为止搜索到的最好位置 pbest。同时,粒子群还能记录到目前为止整个种群中所有粒子搜索到的最好位置 gbest。每个粒子使用当前速度、当前位置、到目前为止自己的最好位置和群体的最好位置等信息改变自己的速度和位置,经过逐代进化搜索而得到最优解。

PSO 算法的数学描述为,D 维搜索空间中,有 M 个粒子,其中第 l 个粒子的位置是 $x_l = [x_{l1}, x_{l2}, \cdots, x_{lD}]$,速度为 $v_l = [v_{l1}, v_{l2}, \cdots, v_{lD}]$,搜索到的个体最优位置为 $p_l = [p_{l1}, p_{l2}, \cdots, p_{lD}]$,称为 pbest;整个粒子群搜索到的群体最优位置为 $p_g = [p_{g1}, p_{g2}, \cdots, p_{gD}]$,称为 gbest。粒子状态更新公式如下:

$$v_{ld}(t+1) = u \cdot v_{ld}(t) + c_1 r_1 [p_{ld} - x_{ld}(t)] + c_2 r_2 [p_{gd} - x_{ld}(t)] \quad (2\text{-}1)$$

$$x_{ld}(t+1) = x_{ld}(t) + v_{ld}(t+1) \quad (2\text{-}2)$$

式中,$l = 1, 2, \cdots, M; d = 1, 2, \cdots, D;u$ 为惯性因子,是一个非负常数。最初的基本 PSO 算法中不含惯性因子,后来 Y Shi 等提出了含有惯性因子的 PSO 算法,一般称其为标准 PSO 算法;c_1 和 c_2 为正的学习因子,一般 $c_1 = c_2$,取值范围为 0~4;r_1 和 r_2 是一个 0~1 的随机数;t 为当前进化代数。可以通过设置粒子移动的位置范围$[x_{\min}, x_{\max}]$和速度范围$[v_{\min}, v_{\max}]$对粒子的搜索范围和运动状态特性进行控制,从而提高搜索效率和寻优性能。

从粒子位置更新式(2-2)可以看出,粒子的位置更新依赖于粒子速度的更新;而从粒子的速度更新式(2-1)可以看出,速度的更新由三部分影响因素组成。

(1) 粒子当前速度的影响。权衡算法局部搜索和全局搜索的能力。

(2) 粒子当前最好位置的影响。反映粒子自身认知能力对搜索能力的贡献。

(3) 粒子群当前最好位置的影响。反映粒子群的社会性,体现了群体中粒子之间的信息共享机制。

PSO 算法利用上述三部分的影响更新粒子的当前速度,进而更新粒子的所处位置,通过粒子的个体认知能力和粒子之间的协作能力最终搜索得到优化问题的最优解。

2.2 人工蜂群算法

人工蜂群(artificial bee colony,ABC)算法是由土耳其学者 D.Karaboga 受蜜蜂采蜜行为启发而提出的一种新型仿生智能优化算法。在 ABC 算法中,蜜蜂群体被分为引领蜂(employed bees)、跟随蜂(onlooker bees)和侦察蜂(scout bees)3 类。其中,引领蜂和跟随蜂各占种群数量 NP 的一半,同时另设 1 个侦察蜂角色。跟随蜂的任务是完成蜜源的开采,而侦察蜂的任务是完成优质蜜源的探索。

ABC 算法求解最优化问题的过程可通过蜜蜂的采蜜行为实现。

(1) 把每个蜜源抽象成解空间中的一个点,从而成为最优化问题的一个可行解。

(2) 每个蜜源的含蜜量代表最优化问题中解的适应度值。

(3) 含蜜量最多的蜜源将成为最优化问题的全局最优解。

(4) 蜜蜂寻找到最优蜜源的速度等同于最优化问题的求解速度。

ABC 算法的执行过程如下:

(1) 种群初始化(产生初始蜜源位置)。按照式(2-3)随机产生 SN 个蜜源,

其中 $SN = \dfrac{1}{2}NP$,则

$$x_{ij} = x_j^{\min} + \text{rand} \cdot (x_j^{\max} - x_j^{\min}) \qquad (2\text{-}3)$$

式中,x_{ij} 表示蜜蜂在第 i 个蜜源的第 j 维分量的位置值,$i = 1,2,\cdots,SN,j = 1,$ $2,\cdots,D$(D 为搜索空间的维数)。rand 是 $[0,1]$ 的均匀分布随机数,$x_j^{\max}$ 和 $x_j^{\min}$ 分别是蜜源第 j 维分量的边界上限值和下限值。每个引领蜂在采蜜寻优过程中将分别对应于一个蜜源。

(2) 搜索更新(引领蜂和跟随蜂更新蜜源位置)。在采蜜寻优过程中,每个引领蜂首先按照式(2-4)的交叉变异原理找到一个可能的新蜜源,并进行记忆。如果找到的新蜜源 v_i 的蜜量高于原蜜源 x_i 的蜜量,则用 v_i 代替 x_i;否则,将继续保持原蜜源 x_i 的位置不变。

$$v_{ij} = x_{ij} + \varphi_{ij}(x_{ij} - x_{kj}) \qquad (2\text{-}4)$$

式中,v_{ij} 代表第 i 个引领蜂寻找到的新蜜源位置的第 j 维分量,$k = 1,2,\cdots,SN$。其中,第 k 个蜜源与第 i 个蜜源是不同蜜源,系数 $\varphi_{i,j}$ 是取值范围为 $[-1,1]$ 的均匀分布随机数。

当所有的引领蜂完成其所在蜜源周围的新位置搜索并更新后,将通过跳舞的方式把蜜源蜜量信息传递给跟随蜂,跟随蜂以每个蜜源位置上的概率 P_i 为依据选择引领蜂进行跟随,以进行再一次更优蜜源的搜索。P_i 的计算公式如下:

$$P_i = \dfrac{\text{fit}_i}{\displaystyle\sum_{j=1}^{SN} \text{fit}_j} \qquad (2\text{-}5)$$

式中,fit_i 代表第 i 个蜜源的蜜量(即优化问题中第 i 个可行解的适应度值)。SN 个跟随蜂根据 P_i 按照轮盘赌原理,以引领蜂所在蜜源的蜜量进行相对择优跟随。之后,各跟随蜂将在其当前所在蜜源位置附近区域按照式(2-4)再进行一次搜索,按照优者保留、劣者淘汰的原理更新蜜源。

(3) 局部解替换(侦察蜂开采新蜜源)。循环进行上述引领蜂和跟随蜂的蜜源搜索更新过程,并设定循环上限 Limit。若某个蜜源在循环次数达到 Limit 后还没有被更新,则表明此蜜源蜜量可能为该局部区域最大。为了防止蜂群陷入局部最优解,算法将选择放弃该蜜源。此蜜源对应的引领蜂将变成侦察蜂,按照式(2-3)的随机初始化原理探索一个新的蜜源,作为原 SN 个蜜源中的一员,继续进行新的循环搜索过程。当蜂群进化达到最大循环代数时,输出所有蜜源中蜜量最大的位置作为所求问题的最优解。

2.3 细菌趋药性优化算法

细菌是目前地球上存在的最简单的生物之一,它们感受外界环境信息,并使自己适应环境而获得生存。细菌趋药性(bacterial chemotaxis,BC)优化算法是由 S.D.Muller 提出的一种模拟细菌在营养剂环境中觅食的运动行为来进行函数优化的仿生智能优化算法。BC 算法原理简单、鲁棒性好,是一种非常具有研究潜力的智能优化算法。

BC 算法把单一细菌看作一个感知周围环境信息变化的个体,利用这些信息寻找目标函数的极值点。细菌在营养剂的作用下,会进行下述反应活动:收集信息,进行移动,在移动过程中不断修正移动距离和旋转角度,找到目标函数极值点。为清晰表述 BC 算法,以二维模型为例进行 BC 算法的原理描述。

单细菌 BC 算法的原理如下。

(1) 待优化问题为求解目标函数 $f(x_1,x_2)$ 的极小值。

(2) 设定细菌的移动速度 v。

(3) 细菌在新方向上运动的持续时间 τ 服从指数概率密度分布

$$\tau \sim \frac{1}{T}e^{-\tau/T} \tag{2-6}$$

式中,均值 $\mu_\tau = T$;方差 $\sigma_\tau^2 = T^2$。T 值依据下式确定:

$$T = \begin{cases} T_0, & \dfrac{f_{pr}}{l_{pr}} \geqslant 0 \\ T_0\left(1 + b\left|\dfrac{f_{pr}}{l_{pr}}\right|\right), & \dfrac{f_{pr}}{l_{pr}} < 0 \end{cases} \tag{2-7}$$

式中,f_{pr} 为细菌上一位置和当前位置的目标函数值的变化量;T_0 为最小平均移动时间;l_{pr} 为连接细菌上一位置和当前位置的向量长度;b 为待定参数。

(4) 细菌运动的新方向与原方向路线的夹角为 α,α 服从两个高斯概率分布的叠加,其中向右转时概率分布函数的均值为 μ_α,向左转时为 $-\mu_\alpha$。

$$\alpha \sim \frac{1}{2}[N(\mu_\alpha,\sigma_\alpha^2) + N(-\mu_\alpha,\sigma_\alpha^2)] \tag{2-8}$$

式中,均值 μ_α 和方差 σ_α^2 分别为

$$\mu_\alpha = \begin{cases} 62°, & \dfrac{f_{pr}}{l_{pr}} \geqslant 0 \\ 62°(1 - \cos\theta), & \dfrac{f_{pr}}{l_{pr}} < 0 \end{cases} \tag{2-9}$$

$$
\sigma_a = \begin{cases} 26°, & \dfrac{f_{pr}}{l_{pr}} \geqslant 0 \\ 26°(1-\cos\theta), & \dfrac{f_{pr}}{l_{pr}} < 0 \end{cases} \tag{2-10}
$$

式中，$\cos\theta = \mathrm{e}^{-\tau_c \tau_{pr}}$，$\tau_c$ 为相关时间，τ_{pr} 为细菌前一次的运动时间。

算法中包含的 T_0、b 和 τ_c 等参数的确定方法如下：

$$
T_0 = 10^{-1.73} \varepsilon^{0.30} \tag{2-11}
$$

$$
b = T_0 \cdot (10^{0.60} T_0^{-1.54}) \tag{2-12}
$$

$$
\tau_c = 10^{1.16} \left(\frac{b}{T_0}\right)^{0.31} \tag{2-13}
$$

式中，ε 为计算精度。

（5）计算细菌的新位置

$$
\boldsymbol{x}_{new} = \boldsymbol{x}_{old} + \boldsymbol{n}_u d \tag{2-14}
$$

式中，$\boldsymbol{n}_u$ 代表新路线方向的单位向量，$d = \upsilon\tau$ 为细菌在新路线上的移动距离。

2.4 细菌觅食优化算法

细菌觅食优化（bacterial foraging optimization，BFO）算法是由 K. M. Passino 根据大肠杆菌的觅食机理提出的一种仿生智能优化算法，已经在控制器优化设计、机器学习、股市指数预测、图像压缩、最优潮流问题求解等多个领域得到重视，并得以成功应用。

对于求解函数最小值的这类优化问题，如果不能对函数的梯度进行很好描述，则可以利用细菌觅食原理求解此类问题。下面对 BFO 算法进行介绍。首先假设 $\boldsymbol{\theta}$ 为每个细菌所处的位置，$J(\boldsymbol{\theta})$ 代表周围环境对细菌的吸引力和排斥力的综合影响。由于在自然界中，细菌在觅食过程中总是趋向于找到最优营养物质的位置，而远离有害物质，所以通过细菌个体的运动行为和群体之间的信息交流，可以使菌群最终聚集于环境中的最优营养位置，即优化问题的最优解位置。

BFO 算法主要利用菌群的趋化、聚集、繁殖、消散等行为进行复杂问题的优化求解，算法中各种行为的具体描述如下。

1. 趋化

细菌的趋化行为主要由细菌的前进和翻转两种动作组成。细菌在觅食过程中会根据环境中的不同化学成分做出判断。当化学成分对细菌具有吸引力时，细菌通过身体上鞭毛的动作实施前进（swimming）运动，当化学成分对细菌具有排斥力时，细菌通过鞭毛的动作实施翻转（tumbling）运动，以改变自身的

前进方向,去寻找具有吸引力的化学成分。细菌经过 1 次趋化运动后的位置变化可由式(2-15)表示,即

$$\boldsymbol{\theta}^i(j+1,k,l)=\boldsymbol{\theta}^i(j,k,l)+C(i)\boldsymbol{\varphi}(j) \qquad (2\text{-}15)$$

式中,$\boldsymbol{\theta}^i(j+1,k,l)$ 为细菌 i 在第 l 次消散、第 k 次繁殖、第 $j+1$ 次趋化后的新位置;$\boldsymbol{\theta}^i(j,k,l)$ 为细菌 i 在第 l 次消散、第 k 次繁殖、第 j 次趋化后的位置;$C(i)$ 为下一次趋化的前进步长;$\boldsymbol{\varphi}(j)$ 为进行下一次趋化的单位长度随机方向向量,代表着细菌 i 趋化行为的运动方向。如果新位置 $\boldsymbol{\theta}^i(j+1,k,l)$ 的目标函数值 $J(i,j+1,k,l)$ 优于位置 $\boldsymbol{\theta}^i(j,k,l)$ 的目标函数值 $J(i,j,k,l)$,则 $\boldsymbol{\varphi}(j)$ 不发生变化,细菌将沿原有方向前进下去,直到达到最大前进步数 N_s。如果在前进的过程中,新位置 $\boldsymbol{\theta}^i(j+1,k,l)$ 的目标函数值 $J(i,j+1,k,l)$ 劣于位置 $\boldsymbol{\theta}^i(j,k,l)$ 的目标函数值 $J(i,j,k,l)$ 或达到最大前进步数 N_s,则细菌将在下一次趋化过程中发生翻转,并沿新的方向运动。

2. 聚集

细菌在觅食过程中,每个细菌不仅仅是以个体存在,菌群中的细菌之间也会进行信息传递。细菌会利用相互之间的吸引与排斥作用实现聚集现象,可以用修正因子 $J_{cc}(\boldsymbol{\theta},P(j,k,l))$ 来体现细菌之间的吸引与排斥作用,即

$$\begin{aligned}
J_{cc}[\boldsymbol{\theta},P(j,k,l)] &= \sum_{i=1}^{S} J_{cc}^i[\boldsymbol{\theta},\boldsymbol{\theta}^i(j,k,l)] \\
&= \sum_{i=1}^{S}\left\{-d_{\text{attract}}\exp\left(-\omega_{\text{attract}}\sum_{m=1}^{p}(\theta_m-\theta_m^i)^2\right)\right\} \\
&\quad + \sum_{i=1}^{S}\left\{h_{\text{repellant}}\exp\left(-\omega_{\text{repellant}}\sum_{m=1}^{p}(\theta_m-\theta_m^i)^2\right)\right\}
\end{aligned} \qquad (2\text{-}16)$$

式中,$\boldsymbol{\theta}=[\theta_1,\theta_2,\cdots,\theta_p]^{\text{T}}$ 为优化区域中的一个点,d_{attract} 为吸引力的深度(引诱剂的释放量);ω_{attract} 为吸引力的宽度(引诱剂的扩散程度);$h_{\text{repellant}}$ 为排斥力的高度(排斥剂的释放量);$\omega_{\text{repellant}}$ 为排斥力的宽度(排斥剂的扩散程度);θ_m^i 为第 i 个细菌所处位置的第 m 维分量值。在细菌的聚集行为过程中,细菌通过散发引诱剂来吸引其他细菌向着具有更好营养物质的位置运动;同时细菌个体也会对自己附近的其他细菌散发一定程度的排斥剂,从而保证多个细菌不会处于搜索空间的同一位置,算法中的这些吸引与排斥行为均是依据自然界中细菌的实际行为设计的。

在算法中,通过如式(2-17)的形式利用修正因子 $J_{cc}[\boldsymbol{\theta},P(j,k,l)]$ 对目标函数值进行修正,以体现出菌群中细菌之间合力作用的结果,使菌群整体向富营养区聚集。

$$J(i,j,k,l)+J_{cc}[\boldsymbol{\theta},P(j,k,l)] \qquad (2\text{-}17)$$

3. 繁殖

菌群经过 N_c 次趋化行为后,根据每个细菌的健康程度对菌群中的细菌进

行排序,进而保存健康程度较好的细菌,淘汰健康程度较差的细菌,通过优胜劣汰机制保持整个菌群的健康发展。第 i 个细菌在第 l 次消散、第 k 次繁殖、第 j 次趋化下的健康指标函数 J_{health}^{i} 定义为

$$J_{\text{health}}^{i} = \sum_{j=1}^{N_c+1} J(i,j,k,l) \tag{2-18}$$

式(2-18)反映了第 i 个细菌在整个 N_c 次趋化过程中进行最优点搜索的总体表现。当菌群规模为 S 时,一般根据 J_{health}^{i} 按顺序选取 $S_r\left(S_r=\dfrac{1}{2}S\right)$ 个寻优能力强的细菌进行 1:1 复制,并使新产生的细菌与原有细菌具有相同的参数设定。同时淘汰剩余细菌,从而保持菌群规模不变。

4. 消散

为了防止菌群在趋化过程和繁殖过程中存在陷入局部极值的可能性,需要对菌群进行消散操作。其具体方法是在若干次繁殖和趋化行为之后对每个细菌都以概率 p_{ed} 分配到新的搜索区间,以增加搜索的多样性,加强菌群搜索到全局最优位置的能力。

BFO 算法的具体流程描述如图 2-1 所示。通过上述对算法的描述可知,

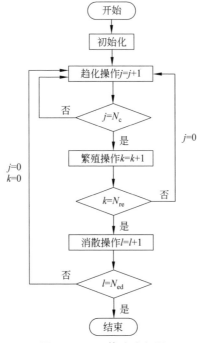

图 2-1 BFO 算法流程图

BFO 算法通过趋化行为实现细菌的移动搜索;通过细菌个体之间的信息交互实现群体的聚集行为;通过对优势细菌的复制和弱势细菌的淘汰,保证了菌群的健康发展;在多次复制行为之后进行消散操作,防止菌群陷入局部收敛而具有更好的全局搜索能力。

2.5 回溯搜索优化算法

回溯搜索优化算法(backtracking search optimization algorithm,BSA)是由澳大利亚学者 P. Civicioglu 提出的一种新型的求解实际优化问题的仿生智能优化算法。具有良好性能的 BSA 逐渐成为人们用来解决不同类型工程优化问题的首选方法,如其在表面波分析、风力发电预测和风力旋涡机功率曲线模型等工程优化问题中有着很好的应用。BSA 结构简单且只有一个控制变量,与其他仿生智能优化算法如粒子群算法、蚁群算法和人工蜂群算法相比,在解决多蜂优化问题上更具优势。BSA 的求解操作分为 5 步:初始化、选择-1、变异、交叉和选择-2。

1. 初始化

由于 BSA 具有对初始值不敏感的特点,故可以在可行解空间范围内对原始种群 P 进行随机初始化,如式(2-19)所示。

$$P_{i,j} : U(\mathrm{low}_j , \mathrm{up}_j) \tag{2-19}$$

式中,$i=1,2,\cdots,\mathrm{NP}$,$j=1,2,\cdots,D$,i 代表种群个体,j 为问题维数,U 为随机均匀分布函数,low_j 和 up_j 分别为可行解空间的下界和上界。

2. 选择-1

在 BSA 中,除了设置原始种群 P 外,还设置了一个用来计算搜索方向的历史种群 **oldP**。历史种群 **oldP** 的初始化方法和原始种群 P 的初始化方法一样,如式(2-20)所示。

$$\mathrm{oldP}_{i,j} : U(\mathrm{low}_j , \mathrm{up}_j) \tag{2-20}$$

在 BSA 的每次进化过程中,历史种群 **oldP** 需不断更新,更新规则如式(2-21)所示。

$$\mathrm{oldP}_{i,j} = P_{i,j} , a < b \tag{2-21}$$

式中,a 和 b 为[0,1]生成的随机数。根据 a 和 b 的大小,对历史种群 **oldP** 进行选择操作。

3. 变异

在完成原始种群 P 和历史种群 **oldP** 设置之后,将进行种群的变异操作,如式(2-22)所示。

$$\text{Mutant} = P + F \cdot (\text{oldP} - P) \tag{2-22}$$

式中，$F = 3 \cdot \text{rand}$ 为移动速度控制参量，rand 为 $[0,1]$ 均匀分布随机数。

4. 交叉

通过 BSA 的交叉过程生成最终的实验种群 T。变异过程产生的变异种群 **Mutant** 作为实验种群 T 的初始值，把实验种群 T 中较优秀的个体基因保留下来，继续进行进化。被淘汰的实验种群 T 中的个体基因，由搜索种群 P 中的优秀个体基因取代。优秀个体基因的选择通过矩阵 **map** 来实现，矩阵 **map** 的产生方式如式(2-23)所示。

$$\begin{cases} \text{map}_{i,u(1:[\text{mixrate}\cdot\text{rand}\cdot D])}, & a < b \\ \text{map}_{i,\text{rand}(D)}, & a \geqslant b \end{cases} \tag{2-23}$$

式中，矩阵 **map** 是一个维数为 $N \times D$ 的二元整数值矩阵，mixrate 为混合比例参数，用于决定种群中个体交叉基因的数量，a，b 均为 $[0,1]$ 均匀分布随机数。最终的实验种群 T 的产生方式如式(2-24)所示。

$$T_{i,j} = \begin{cases} \text{Mutant}_{i,j}, & \text{map}_{i,j} = 1 \\ P_{i,j}, & \text{map}_{i,j} = 0 \end{cases} \tag{2-24}$$

种群交叉后产生的新搜索种群个体有可能超出搜索的边界范围，使用式(2-19)重新产生一个新的个体取代超出边界范围的个体。

5. 选择-2

在 BSA 的选择-2阶段，依据贪婪机制更新搜索种群 P 和当前全局最优种群个体 P_{best}。若实验种群 T 中的个体适应值优于对应位置搜索种群 P 中的个体适应值，则取代搜索种群 P 中的个体，实现搜索种群 P 的更新。计算搜索种群 P 中最优个体的适应值，若它优于 BSA 目前得到的全局最优值，则更新当前全局最优种群个体 P_{best}，同时更新当前全局最优值，为下一代进化作准备。重复上述操作，直到找到全局最优解为止。

2.6 蝙蝠算法

蝙蝠算法(bat-inspired algorithm，BA)是由 Xin-She Yang 提出的一种仿生智能优化算法，该算法利用回声定位的原理搜索食物的最佳位置，是一种非常有效的仿生智能优化算法。相较粒子群优化算法、蚁群算法和蜂群算法等仿生智能优化算法，蝙蝠算法的收敛速度更快，寻优能力更强，已应用于工程设计、组合优化、神经网络等诸多领域。蝙蝠算法每次迭代进化的频率、速度和位置更新公式如式(2-25)所示。

$$f_p = f_{\min} + (f_{\max} - f_{\min})\boldsymbol{\beta}$$
$$v_p^q = v_p^{q-1} + (x_p^{q-1} - x_*)f_p$$
$$x_p^q = x_p^{q-1} + v_p^q \tag{2-25}$$

式中，f_p 为第 p 只蝙蝠的频率，$f_{\min}$、$f_{\max}$ 分别为频率的最小值和最大值，v_p^q、v_p^{q-1} 和 x_p^q、x_p^{q-1} 分别为第 p 只蝙蝠在第 q 次和第 $q-1$ 次迭代的速度和位置，x_* 为最优位置，$\boldsymbol{\beta}$ 为 $[0,1]$ 之间满足均匀分布的随机向量。每次迭代找出最优解后，通过判定，依据式(2-26)在其周围进行局部搜索，产生新解。

$$x_{\text{new}} = x_{\text{old}} + \varepsilon A^q \tag{2-26}$$

式中，ε 为 $[-1,1]$ 的一个随机数，A^q 为所有蝙蝠在此次迭代中的平均音强。通过比较选择是否接受这个新解，若新解优于当前最佳解，依据式(2-27)进行脉冲频率和脉冲音强的更新，即

$$r_p^{q+1} = r_p^0 [1 - \exp(-\gamma q)]$$
$$A_p^{q+1} = \alpha A_p^q \tag{2-27}$$

式中，r_p^{q+1} 为第 p 只蝙蝠在第 $q+1$ 次迭代的脉冲频率，r_p^0 为第 p 只蝙蝠的最大脉冲频率，A_p^q、A_p^{q+1} 分别为第 p 只蝙蝠在第 q 次和第 $q+1$ 次迭代的脉冲音强，γ 为脉冲频率的增加系数，α 为脉冲音强的衰减系数。之后重复以上过程，直至达到最大迭代次数，所求得的最佳位置即为问题的最优解。蝙蝠算法在已有仿生智能优化算法突出优点的基础上融合了自身的回声定位搜索功能，寻优能力得到进一步提升，是一种全局收敛性能很好的仿生智能优化算法。

2.7 微分搜索算法

微分搜索(differential search，DS)算法是由 P. Civicioglu 提出的一种性能优异的仿生智能优化算法，该算法的寻优思想源于生物迁徙运动中的随机漫步行为。由于自然界中的食物分布情况在一年中会受季节变化而相应改变，大量生物个体在迁徙的过程中会自发形成群体，该群体会利用集体智慧向食物更充足的地区运动。DS 算法仅有两个控制参数，更加简单、易用。下面对 DS 算法的优化机理进行简要介绍。

1. 搜索群体初始位置的产生

设 DS 算法的种群规模为 N，在维数为 D 的问题空间进行最优解搜索，搜索个体所处位置为 $\boldsymbol{X}_i(i=\{1,2,3,\cdots,N\})$，$x_{ij}(j=\{1,2,3,\cdots,D\})$ 为第 i 个搜索个体在第 j 维的值。在群体搜索之前对搜索个体所处位置在 up_j 和 low_j 的

范围内按照式(2-28)进行随机初始化,设置最大进化代数为 G。然后按照 DS 算法的搜索策略通过逐代进化寻找最优解。

$$x_{ij} = \mathrm{rand}(\mathrm{up}_j - \mathrm{low}_j) + \mathrm{low}_j \tag{2-28}$$

在群体进化过程中,如果搜索个体在某一维度上的值超出 up_j 和 low_j 的上下限范围,也将按照式(2-28)在规定范围内随机产生该维度上的新值,以保证搜索群体在有效范围内进行高效搜索。

2. DS 算法的搜索策略

仿生智能优化算法的每一代进化都是一次解空间位置更新的过程,DS 算法是按照式(2-29)的仿生变异原理进行新的 **StopoverSite**$_i$(经停位置)的产生。

$$\mathbf{StopoverSite}_i = \mathbf{X}_i + R_g(\mathbf{donor} - \mathbf{X}_i) \tag{2-29}$$

式中,$\mathbf{donor} = [\mathbf{X}_{\mathrm{random\_shuffling}(i)}]$ 为从当前 N 个搜索个体中随机选取出的一个个体所处的位置,进而利用($\mathbf{donor}$-$\mathbf{X}_i$)的交叉变异操作产生新的搜索方向。R_g 为随机数,由 Gamma 随机数产生器和均匀分布随机数产生器共同运算得到。$R_g = \mathrm{randg}[2 \cdot \mathrm{rand}_1] \cdot (\mathrm{rand}_2 - \mathrm{rand}_3)$,其作用是保证各搜索个体向着新产生的方向($\mathbf{donor} - \mathbf{X}_i$)以随机的跨度探索。如果 **StopoverSite**$_i$ 的适应度值优于 $\mathbf{X}_i$,则由 **StopoverSite**$_i$ 代替 $\mathbf{X}_i$ 作为该搜索个体的当前位置,否则仍然保留搜索个体的原位置 $\mathbf{X}_i$。当种群进化代数达到最大进化代数 G,将当前搜索群体中适应度值最优的个体位置作为输出。

DS 算法原理简单、控制参数少。在进化过程中,不以每代进化的群体最优作为方向引导,在对最优解的搜索过程中有效平衡了种群多样性与方向性集中搜索,在搜索群体向全局最优位置高效运动的同时,有效避免陷入局部极值,从而能够快速、准确地搜索到问题的全局最优解。

2.8 布谷鸟搜索算法

布谷鸟搜索(cuckoo search,CS)算法是由 Xin-She Yang 提出的一种模拟布谷鸟物种寄生育雏(brood parasitism)行为来求解优化问题的仿生智能优化算法。CS 算法参数少、原理简单,与粒子群优化算法、遗传算法和差分进化算法等仿生智能优化算法相比,优化求解能力更佳,搜索精度更高。CS 算法中的布谷鸟寄生育雏的过程是选择与其卵形态和颜色形似的其他鸟类个体,称为"宿主",在宿主离巢时,模仿宿主卵和幼雏的颜色和形态进行产卵,并将宿主的卵移走,以减少其卵被丢弃的可能性,增加自身的繁殖率。

为了简单模拟布谷鸟寻巢产卵搜索的方式,使用以下 3 个理想化的规则。

（1）每个布谷鸟每次产生一个卵，堆放在一个随机选择的巢中。

（2）每次随机选择的巢中具有最高品质适应度值的巢将转到下一代。

（3）可用的巢的数量是固定的，布谷鸟的卵被宿主发现的概率为 $p_a \in [0,1]$，近似为被新巢替换的概率。当宿主发现外来卵时，可以丢弃这个卵，或者放弃该巢，继而建立一个全新的巢。

基于以上 3 个规则，布谷鸟搜索路径和位置更新公式如式（2-30）所示。

$$\textbf{pos}_k^{(t)} = \textbf{pos}_k^{(t-1)} + \boldsymbol{\alpha} \oplus \text{Levy}(s), \quad k = 1,2,\cdots,M \tag{2-30}$$

式中，$\textbf{pos}_k^{(t)}$ 表示第 k 个巢在第 t 代的位置，$\oplus$ 表示点对点乘法，$\boldsymbol{\alpha} > 0$ 是步长控制系数，与感兴趣问题的尺度规模 Scale 有关，一般情况下取 $\alpha = O(\text{Scale}/100)$，巢的个数为 M。为了适应巢质量间的差异，$\boldsymbol{\alpha}$ 的取值为

$$\boldsymbol{\alpha} = \alpha_0 (\textbf{pos}_k^{(t-1)} - \textbf{pos}_b^{(t-1)}), \quad k = 1,2,\cdots,M, b \in \{1,2,\cdots,M\}$$

式中，α_0 取值为 0.01，$\textbf{pos}_b^{(t-1)}$ 是全局最优巢位置，意味着当前巢与最优巢的差异直接影响着生成新巢的可能性。$\text{Levy}(s) \sim |s|^{-1-\beta}$，$0 < \beta \leqslant 2$，表示随机步长 s 服从 Levy 分布。

将步长 s 简化为

$$s = \frac{\boldsymbol{\mu}}{|\boldsymbol{v}|^{1/\beta}}$$

式中，$\boldsymbol{\mu} \sim N(0, \sigma_\mu^2)$，$\sigma_\mu = \left\{ \dfrac{\Gamma(1+\beta)\sin(\pi\beta/2)}{\Gamma[(1+\beta)/2]\beta 2^{(1-\beta)/2}} \right\}^{1/\beta}$，$\boldsymbol{v} \sim N(0,1)$，代入式（2-30）中，可以得到

$$\textbf{pos}_k^{(t)} = \textbf{pos}_k^{(t-1)} + \alpha_0 (\textbf{pos}_k^{(t-1)} - \textbf{pos}_b^{(t-1)}) \oplus \text{Levy}(s),$$
$$k = 1,2,\cdots,M; b \in \{1,2,\cdots,M\} \tag{2-31}$$

式（2-31）为最终的巢位置的更新公式。

2.9 樽海鞘群算法

樽海鞘群算法（salp swarm algorithm，SSA）是由澳大利亚学者 Mirjalili 于 2017 年提出的一种新型仿生智能优化算法，该算法模拟了海洋动物樽海鞘的群体觅食行为，机制简单易懂，操作方便，易于实现，已经成为国内外很多学者的研究热点。目前，该算法已经被应用于光伏系统优化、特征选择、图像处理和训练神经网络等实际问题之中。

SSA 建立了一种用于求解优化问题的樽海鞘链模型，将樽海鞘群分为两类：领导者和跟随者。领导者是处在链的前面起带领作用的个体，跟随者直接

或间接地相互追随。樽海鞘的位置在 D 维搜索空间中定义,食物源 F 作为樽海鞘群的觅食目标。

领导者的位置更新公式如下:

$$x_j^1 = \begin{cases} F_j + c_1[(ub_j - lb_j)c_2 + lb_j], & c_3 \geqslant 0.5 \\ F_j - c_1[(ub_j - lb_j)c_2 + lb_j], & c_3 < 0.5 \end{cases} \tag{2-32}$$

式中,x_j^1 表示第 1 个樽海鞘个体(领导者)在第 j 维的位置,F_j 表示在第 j 维食物源的位置,ub_j 和 lb_j 分别表示在第 j 维搜索空间的上界和下界,系数 c_1 是 SSA 中的一个重要参数,定义如下:

$$c_1 = 2e^{-\left(\frac{4l}{L}\right)^2} \tag{2-33}$$

式中,l 表示当前迭代次数,L 表示总迭代次数。参数 c_2 和 c_3 取 $[0,1]$ 的随机数,它们分别决定了在 j 维位置更新的移动步长,以及前进还是后退。

跟随者的位置更新公式如下:

$$x_j^i = \frac{1}{2}(x_j^i + x_j^{i-1}), \quad i \geqslant 2 \tag{2-34}$$

式中,x_j^i 表示第 i 个樽海鞘个体(跟随者)在第 j 维的位置。当 $i=2$,跟随者 x_j^2 的更新与领导者 x_j^1 和跟随者本身 x_j^2 有关,由领导者直接引领;当 $i>2$,跟随者 x_j^i 的更新与跟随者 x_j^{i-1} 和 x_j^i 有关,由领导者间接引领。

SSA 采用优胜劣汰策略,通过计算所有个体的适应值,比较当前迭代次数的适应值与先前最优适应值,不断接近食物源位置。由此可以模拟樽海鞘群的觅食行为,解决最优化问题。

由于 SSA 的位置更新搜索范围无约束,且精英个体的影响权重小,致使 SSA 在迭代后期不能进行很精确的搜索,跟随者不能很好地协助个体位置更新。因此,可以考虑从两方面进行改进[①]。

(1)针对 SSA 在领导者更新阶段搜索范围不受限的问题,添加衰减因子,增强迭代后期的局部开发能力。

(2)针对跟随者位置更新的局限性,引入动态学习策略,提高全局探索能力。

1. 添加衰减因子的樽海鞘群算法

传统 SSA 在领导者位置更新阶段,个体在食物源附近移动,搜索范围不受限,使得收敛后期个体不能在极值点进行精确搜索,还有可能跳出极值点。

---

① 陈雷,蔺悦,康志龙.基于衰减因子和动态学习的改进樽海鞘群算法[J].控制理论与应用,2020,37(8):1766-1780.

为了改善这一问题,可将衰减因子引入 SSA,使得领导者位置更新范围随着迭代次数的增加而逐渐减小,收敛前期避免陷入局部极值,收敛后期越来越逼近最优值,达到更高的求解精度。

添加衰减因子的领导者位置更新公式如下:

$$x_j^1 = \begin{cases} A(l)\{F_j + c_1[(\mathrm{ub}_j - \mathrm{lb}_j)c_2 + \mathrm{lb}_j]\}, & c_3 \geqslant 0.5 \\ A(l)\{F_j - c_1[(\mathrm{ub}_j - \mathrm{lb}_j)c_2 + \mathrm{lb}_j]\}, & c_3 < 0.5 \end{cases} \tag{2-35}$$

式中,控制搜索范围的衰减因子 $A(l)$ 是一个非线性递减函数,定义如下:

$$A(l) = \mathrm{e}^{-30\left(\frac{l}{L}\right)} \tag{2-36}$$

收敛前期,搜索范围不受限,个体可以充分在全局移动,充分发挥算法的全局搜索能力,避免陷入局部极值;收敛后期,随着个体越来越逼近最优值,搜索范围也逐渐减小,个体在限制范围内进行精确搜索,增强局部搜索能力,以达到更高的求解精度。

2. 引入动态学习的樽海鞘群算法

SSA 没有参数影响跟随者的位置更新,跟随者的移动由个体自身位置和前一个个体位置综合决定,精英个体的影响权重小,使得跟随者对领导者的协助作用很小。为了增强精英个体的影响权重,可将动态学习策略引入 SSA,先比较 x_j^i 与 x_j^{i-1} 的适应值,在适应值较大的位置上添加削弱因子 k,以削弱较差位置个体的影响权重,增强较优位置个体的影响权重。引入动态学习策略的跟随者位置更新公式如下:

$$x_j^i = \begin{cases} \dfrac{1}{2}(k \cdot x_j^i + x_j^{i-1}), & f(x_j^i) \geqslant f(x_j^{i-1}) \text{ 且 } i \geqslant 2 \\ \dfrac{1}{2}(x_j^i + k \cdot x_j^{i-1}), & f(x_j^i) < f(x_j^{i-1}) \text{ 且 } i \geqslant 2 \end{cases} \tag{2-37}$$

式中,$f(x_j^i)$ 和 $f(x_j^{i-1})$ 分别表示两位置的适应值,k 是服从参数为 0.5 的指数分布随机数。在收敛过程中,精英个体能更好地发挥协助作用,帮助领导者做决策,不断向食物源逼近,提高寻优效率。

2.10 鲸群优化算法

鲸群优化算法(whale optimization algorithm,WOA)是由 Mirjalili 等人于 2016 年提出的一种仿生智能优化算法,算法思想来源于对座头鲸捕食行为的效仿,目的是通过鲸群搜索、包围和捕捉猎物等过程实现优化求解。该算法的寻优过程主要包括 3 个阶段:包围猎物阶段、泡泡网攻击阶段和搜寻猎物阶段。

1. 包围猎物阶段

座头鲸在捕食过程中,首先要确定猎物所在区域,然后才能对猎物进行包围捕食。然而在实际优化问题的求解过程中,猎物的位置往往是未知的,因此假设当前群最优位置为目标猎物。在确定目标猎物之后,种群中其他座头鲸均向最优位置移动,利用如下公式更新位置:

$$\boldsymbol{D} = |\boldsymbol{C} \cdot \boldsymbol{X}^*(t) - \boldsymbol{X}(t)| \tag{2-38}$$

$$\boldsymbol{X}(t+1) = \boldsymbol{X}^*(t) - \boldsymbol{A} \cdot \boldsymbol{D} \tag{2-39}$$

式中,t 为当前迭代次数;$\boldsymbol{X}^*(t)$ 表示当前种群最优解的位置向量;$\boldsymbol{X}(t)$ 表示当前座头鲸的位置;$\boldsymbol{A} \cdot \boldsymbol{D}$ 表示包围步长;$\boldsymbol{A}$ 和 $\boldsymbol{C}$ 为系数向量,定义如下:

$$\boldsymbol{A} = 2\boldsymbol{a} \cdot \boldsymbol{r} - \boldsymbol{a} \tag{2-40}$$

$$\boldsymbol{C} = 2 \cdot \boldsymbol{r} \tag{2-41}$$

式中,r 为取值范围为 $[0,1]$ 的随机数;a 随着循环迭代的次数增加从 2 线性递减至 0,表示如下:

$$\boldsymbol{a} = 2 - 2t / \text{Max\_iter} \tag{2-42}$$

式中,Max_iter 为最大迭代次数。

2. 泡泡网攻击阶段

泡泡网攻击原理是座头鲸沿着螺旋路径收缩包围圈的同时朝着猎物移动,所以 WOA 模仿座头鲸的捕食行为,提出了收缩包围原理以及螺旋更新位置两种策略。

(1)收缩包围原理。通过减少式(2-40)中的收敛因子 a 来实现。当 a 的值降低时,A 的波动范围会随之降低,因此,更新位置后的座头鲸会处于原始位置与猎物之间,即每条座头鲸会向着猎物靠近,完成对猎物的包围。

(2)螺旋更新位置。首先计算座头鲸与猎物之间的距离,然后模仿座头鲸的螺旋游走的方式捕获食物,数学模型表示如下:

$$\boldsymbol{X}(t+1) = \boldsymbol{D}' \cdot \mathrm{e}^{bl} \cdot \cos(2\pi l) + \boldsymbol{X}^*(t) \tag{2-43}$$

式中,$\boldsymbol{D}' = |\boldsymbol{X}^*(t) - \boldsymbol{X}(t)|$ 表示座头鲸的个体到当前最优位置的距离向量;b 是定义螺旋形式的常量系数,l 为取值范围为 $[-1,1]$ 的随机数。

由于座头鲸是在以螺旋形式包围猎物的同时收缩包围圈,因此为了模拟这种行为,在优化过程中以相同的概率对收缩包围和螺旋位置更新进行选择,数学模型表示如下:

$$\boldsymbol{X}(t+1) = \begin{cases} \boldsymbol{X}^*(t) - \boldsymbol{A} \cdot \boldsymbol{D}, & p < 0.5 \\ \boldsymbol{D}' \cdot \mathrm{e}^{bl} \cdot \cos(2\pi l) + \boldsymbol{X}^*(t), & p \geqslant 0.5 \end{cases} \tag{2-44}$$

式中,p 为取值范围为 $[0,1]$ 的随机数,在迭代过程中会随机产生 0~1 的随机数,从而执行式(2-44)中相应的公式。

3. 搜寻猎物阶段

在搜寻猎物阶段,当 $|A| \geqslant 1$ 时,鲸群可以进行更大范围的随机搜索,根据新的随机位置来完成种群中其他个体的位置更新,而不是当前最佳位置。数学模型表示如下:

$$D = |\,C \cdot X_{\text{rand}} - X(t)\,| \tag{2-45}$$

$$X(t+1) = X_{\text{rand}} - A \cdot D \tag{2-46}$$

式中,X_{rand} 表示随机选择的鲸的位置向量。

为了提高鲸群优化算法收敛速度慢、易陷入局部极值等问题,可以从两方面改进鲸群优化算法,一方面通过高斯差分变异方法对全局搜索的鲸的位置进行变异,提高鲸的全局搜索能力。另一方面引入对数惯性权重方法,增强鲸的局部搜索能力,加快算法的收敛速度[①]。

1)高斯差分变异策略

在鲸的位置更新阶段,采用高斯差分变异策略,即利用当前鲸的个体、最优个体和随机选择的鲸的个体进行高斯差分变异。利用当前最优鲸的位置、当前鲸的位置与鲸群中随机个体进行高斯差分,由于高斯差分变异可以在当前变异个体附近生成更大的扰动,使得算法更容易跳出局部极值,因此其数学表达式如下:

$$X(t+1) = p_1 \cdot f_1 \cdot [X^* - X(t)] + p_2 \cdot f_2 \cdot [X_{\text{rand}} - X(t)] \tag{2-47}$$

式中,p_1 与 p_2 为权重系数;f_1 和 f_2 是以产生均值为 0、方差为 1 的高斯分布随机数函数作为高斯分布函数系数;X^* 为当前最优个体位置;X_{rand} 为随机选择的鲸的位置向量;$X(t)$ 为当前鲸的个体位置,通过引入高斯差分变异策略,充分利用高斯分布函数与差分变量的特性以产生新的个体,增强群体的多样性,帮助算法提高跳出局部最优的可能性,防止早熟收敛发生。

2)对数惯性权重策略

传统鲸群算法在循环迭代过程中并没有考虑猎物对鲸引导力的差异性,可以将惯性权重思想引入传统鲸群算法当中,提出一种对数惯性权重策略,在迭代前期惯性权重较大时,具有提高全局搜索的能力,随着迭代次数的增加,惯性

---

① 陈雷,尹钧圣. 高斯差分变异和对数惯性权重优化的鲸群算法[J]. 计算机工程与应用,2021,57(2):77-90.

权重随之增加从而使鲸群所选择的猎物不断接近理论极值,进而使个体能够准确有效地找到目标猎物;在迭代后期鲸群搜索能力得到提高的同时增加种群多样性,进而使算法更容易跳出局部极值。该策略公式如下:

$$w = \{(t/\text{Max\_iter}) \cdot [\log(w_{max})/\log(w_{min})]\} - \log(w_{max}) \quad (2\text{-}48)$$

式中,t 为当前迭代次数;Max_iter 表示最大迭代次数;w_{max} 表示惯性权重最大值;w_{min} 表示惯性权重最小值。权重将随着迭代次数增加而增加,由式(2-48)和式(2-39)得到如下位置更新公式:

$$\boldsymbol{X}(t+1) = w \cdot \boldsymbol{X}^*(t) - \boldsymbol{A} \cdot \boldsymbol{D} \quad (2\text{-}49)$$

采用对数惯性权重策略,迭代前期,惯性权重提高鲸群全局搜索能力,使鲸群个体能够更快地搜寻到最优猎物;迭代后期,通过惯性权重线性增长策略,使惯性权重增大,从而使算法在后期局部开发过程中更易跳出局部极值,从而寻找到最优值。

2.11 蝗虫优化算法

蝗虫优化算法(grasshopper optimization algorithm,GOA)是由 Saremi 等人于 2017 年提出的一种结构新颖的仿生智能优化算法。该算法通过模仿自然界中蝗虫的生活习性和社会行为,构建模型来求解优化问题。由于其简单有效,可以用较少的迭代次数解决优化问题,因此已被广泛应用于解决故障诊断、特征选择、图像识别等实际应用问题。与其他仿生智能优化算法相似,该算法也分为勘探和开发两个阶段。算法前期相当于蝗虫的成虫期,具有飞行能力可以进行远距离的迁徙,因此解的搜索范围大,可以更好地搜索到潜在的优质解;算法后期相当于蝗虫的卵和幼虫时期,运动缓慢且步伐小,算法可以进行小范围的开发,加快收敛的速度。

GOA 的数学描述如下:

$$\boldsymbol{x}_i = \boldsymbol{S}_i + \boldsymbol{G}_i + \boldsymbol{A}_i \quad (2\text{-}50)$$

式中,$\boldsymbol{x}_i$ 代表第 i 个蝗虫的位置,$\boldsymbol{S}_i$ 代表第 i 个蝗虫与其他个体之间的社会相互作用(如式(2-51)所示),$\boldsymbol{G}_i$ 代表第 i 个蝗虫所受到的重力作用,$\boldsymbol{A}_i$ 代表第 i 个蝗虫所受到的风力作用。

$$\boldsymbol{S}_i = \sum_{\substack{j=1 \\ j \neq i}}^{N} s(d_{ij}) \boldsymbol{d}_{ij} \quad (2\text{-}51)$$

式中,N 为蝗虫的种群数,$\boldsymbol{d}_{ij}$ 为第 i 个蝗虫和第 j 个蝗虫距离的单位向量,计算公式为

$$d_{ij} = \frac{x_j - x_i}{d_{ij}} \tag{2-52}$$

$d_{ij} = \| x_j - x_i \|$ 代表第 i 个和第 j 个蝗虫之间的距离。$s(\cdot)$ 为定义社会力量强度的函数,如式(2-53)所示。

$$s(r) = f e^{-\frac{r}{l}} - e^{-r} \tag{2-53}$$

f 代表吸引力强度,l 代表吸引力范围。此外,式(2-50)中的 G 分量和 A 分量的计算如下:

$$G_i = -g \hat{e}_g \tag{2-54}$$

$$A_i = u \hat{e}_w \tag{2-55}$$

式中,g 为引力常数,$\hat{e}_g$ 为指向地球中心的单位向量,u 为常数漂移,$\hat{e}_w$ 为风向的单位向量。不考虑重力的影响,并假设风向(A 分量)总是朝向当前最佳解方向,从而得到 GOA 的迭代公式:

$$x_i^d(t+1) = c \left\{ \sum_{\substack{j=1 \\ j \neq i}}^{N} c \, \frac{ub_d - lb_d}{2} s \left[\| x_j^d(t) - x_i^d(t) \| \right] \frac{x_j(t) - x_i(t)}{d_{ij}(t)} \right\} + \hat{T}_d(t) \tag{2-56}$$

式中,t 为当前的迭代次数,d 代表维度,ub_d 为第 d 维的上界,lb_d 为第 d 维的下界,$x_i^d(t)$ 为算法迭代到第 t 次时第 i 个蝗虫的第 d 维,$\hat{T}_d(t)$ 为到目前为止找到的最佳解中第 d 维的值。c 是 GOA 中的一个非常重要的参数,左侧的第一个 c 可以调节算法的探索与开发过程,第二个 c 线性减小蝗虫个体之间的相互作用区间,从而引导蝗虫找到最优解,如式(2-57)所示:

$$c = c_{max} - t \, \frac{c_{max} - c_{min}}{\text{Max\_iter}} \tag{2-57}$$

式中,c_{max} 为参数 c 的最大值,c_{min} 为参数 c 的最小值,Max_iter 为算法最大迭代次数。GOA 的算法流程如表 2-1 所示。

表 2-1　GOA 的算法流程

1:	开始:
2:	初始化相关参数,包括种群个数(N)、最大迭代次数(Max_iter)、参数 c 的上下界 c_{max} 和 c_{min}
3:	生成初始化种群 X
4:	计算每只蝗虫的适应度值,并从群体中选出最优个体 T
5:	while($t <$ Mat_iter)do
6:	利用式(2-57)更新参数 c

7：	for $i < N$ do
8：	计算蝗虫之间的距离
9：	使用式(2-56)更新当前蝗虫种群的位置
10：	if 蝗虫的位置超出了函数边界 then
11：	将该蝗虫位置定义在边界上
12：	end if
13：	end for
14：	更新种群最优个体 T 的位置和最优适应度值
15：	$t = t + 1$
16：	end while
17：	返回最优个体 T 的位置
18：	结束

GOA 有以下两个特点。首先，其更新公式中包括了与种群中所有其他蝗虫的相互作用(引力和斥力)，并且受风力影响蝗虫会趋向全局最佳位置。这样的更新公式，很好地保证了种群的多样性。但是由于适应度值差的个体也会参与到下一代的位置更新中，使得个体在每一代的适应度值变化不能一直向好；其次，每个蝗虫爬行或跳跃到下一个位置后，不具有上一个位置的记忆性，因此蝗虫不能判断新位置是否比上一个位置更好，同样使得蝗虫位置的更新不能一直保持适应度值的下降。蝗虫优化算法的这两个特点虽然可以保持种群的多样性，具有很好的勘探能力，但是同时导致了算法开发能力不足，造成收敛速度缓慢，收敛精度不高。这两个特点既是此算法的优点也是缺点，由于其造成了勘探与开发能力之间的矛盾，为此可以通过有针对性的引入改进策略，得到一种基于动态双精英学习和正弦突变的蝗虫优化算法(EMGOA)[①]，进一步提升 GOA 的优化求解性能。

1. 动态双精英学习策略

精英学习是利用种群中的一部分优质个体，去引导其他个体逐渐向最优位置靠近，以达到提高算法寻优效率的目的。精英个体是在种群中的携带优秀信息的个体，这些个体都可对算法收敛到最优解起到至关重要的作用。

受到基于精英学习的成功改进算法的启发，可采用动态的双精英学习策略，利用当前位置、种群最佳位置和次优位置来产生下一代的候选解。选择两个精英个体的用意有两点。第一，产生的子代可以充分利用当前最佳位置的信

① CHEN L，TIAN Y，Ma Y P. An improved grasshopper optimization algorithm based on dynamic dual elite learning and sinusoidal mutation[J]. Computing，2022，104：981-1015.

息,快速地向最优解的位置靠近,从而加快算法的收敛速度。第二,如果仅考虑最佳的位置信息,很容易误导个体进入一个没有希望的区域,而加入次优位置信息后会使子代的多样性增强,双精英引导机制产生误导的可能性小于单精英引导机制。此外,还引入了动态学习因子(F)来协调子代向两个精英蝗虫学习的权重。动态学习因子与精英蝗虫的适应度值有关,算法的迭代初期,两个精英蝗虫的适应度值差异较大,学习因子会赋予适应度值更小的精英蝗虫较大的学习权重,子代向最优蝗虫学习更多;随着算法的迭代,精英蝗虫的适应度值差异越小,两个学习权重越接近,子代可以平衡地向两个精英蝗虫学习。在算法的收敛过程中,蝗虫的位置更新会受到两个精英位置的影响,逐渐向最优位置靠近,从而加快收敛速度。产生候选解及动态学习因子的计算公式如下所示:

$$\bm{x}_i^*(t+1) = r_1 \cdot F \cdot (\bm{x}_{\text{second}}(t) - \bm{x}_i(t)) + r_2 \cdot (1-F) \cdot \bm{x}_{\text{best}}(t) \quad (2\text{-}58)$$

$$F = \frac{F_{\text{best}}(t)}{F_{\text{best}}(t) + F_{\text{second}}(t)} \quad (2\text{-}59)$$

式(2-58)中,r_1、r_2均为取值范围为(0,1)的随机向量,$\bm{x}_{\text{best}}(t)$、$\bm{x}_{\text{second}}(t)$分别为第$t$代适应度值排名第一和第二的精英个体位置。$F$为动态学习因子,$F_{\text{best}}(t)$、$F_{\text{second}}(t)$分别代表第$t$代排名第一和第二的个体位置的适应度值。

与以往采用精英学习策略不同,此处并不是将$\bm{x}_i(t)$与经过精英学习后的个体$\bm{x}_i^*(t)$进行择优选择或者将精英个体引入到搜索方程中,而是采用一种基于混合排序的择优策略。首先通过将$\bm{x}_1(t), \bm{x}_2(t), \cdots, \bm{x}_N(t)$和经过双精英学习的$\bm{x}_1^*(t), \bm{x}_2^*(t), \cdots, \bm{x}_N^*(t)$这$2N$个蝗虫混合在一起,再根据它们的适应度值进行排序,最后从中选择前N个适应度值优异的蝗虫进入到下一代。这种混合排序的择优策略,较以往的策略有两种好处。第一,每次迭代中参与排序选择的蝗虫个数都是原种群数量的两倍,有助于实现更好的种群进化。第二,原本适应度值优异的蝗虫进步空间小,经过精英学习后适应度值即使没有进步,但可能依旧比劣质的蝗虫更有潜力,不应被抛弃。基于混合排序的择优策略很好地解决了这个问题,既不会抛弃经过学习后没有进步但有潜质的优异蝗虫,又保留了进步大的劣质蝗虫。

2. 正弦突变策略

GOA算法的后期,随着蝗虫个体的舒适区逐渐减小,与周围个体之间的相互作用力也减弱,易陷入局部最优,导致适应度值下降缓慢且收敛精度不高。为了改进算法的不足,可使用正弦函数引导当前最优个体进行突变的方式,模拟蝗虫的突然性跳跃,有利于算法跳出局部最优值,增加寻找到更佳位置的概率。正弦函数在区间$[0, 2\pi]$上的返回值的范围为$[-1, 1]$,算法倾向于在更有希望找到最优解的搜索空间内更新下一代个体,而不是在更广泛的区域内搜索,使得算法可以在当前全局最优位置的周围进行小范围的重新搜索,避免陷入局部最优,同时增强算法的局部开发能力。下面用式(2-60)和式(2-61)来表示当前全局最优蝗虫的正弦突变过程。

$$x'_{best} = \sin[2\pi \cdot rand(1, dim)] \oplus x_{best}, \quad rand < c \qquad (2\text{-}60)$$

$$X_{best} = \begin{cases} X'_{best}, & f(X'_{best}) < F_{best} \\ X_{best}, & \text{其他} \end{cases} \qquad (2\text{-}61)$$

式中,x_{best} 为全局最优个体位置,符号 $\oplus$ 代表点积,c 为突变概率。如式(2-61)所描述,如果通过正弦突变后的最佳蝗虫 x'_{best} 的适应度值优于突变前的蝗虫,就保留突变结果;否则,保持原位置不变。正弦突变策略可以避免算法陷入局部最优,提高算法的优化能力。

EMGOA 包含了两种改进策略的优势,使之既可以在算法的初期以较快的速度收敛,又可以在算法后期保持种群多样性,避免陷入局部最优,具有更好的收敛精度,其算法流程如表 2-2 所示。

表 2-2　EMGOA 的算法流程

1：	开始
2：	初始化相关参数,包括种群个数(N)、最大迭代次数(Max_iter)、参数 c 的上下界 c_{min} 和 c_{max}
3：	生成初始化种群 X
4：	计算每只蝗虫的适应度值,并从群体中选出最优精英 $x_{best}(t)$ 和次优精英 $x_{second}(t)$
5：	while($t <$ Mat_iter)do
6：	利用式(2-57)更新参数 c
7：	for $i < N$ do
8：	计算蝗虫之间的距离
9：	使用式(2-56)更新当前蝗虫种群的位置
10：	使用式(2-58)生成向精英个体学习后种群 X^*
11：	end for
12：	分别计算 X 和 X^* 的函数值
13：	从 X 和 X^* 中选择函数值最优的前 N 个蝗虫个体更新种群
14：	if 蝗虫的位置超出了函数边界 then
15：	将该蝗虫位置定义在边界上
16：	end if
17：	更新最优个体 x_{best} 的位置和函数值
18：	if rand$<c$ then

19：	利用式(2-60)生成突变蝗虫 x'_{best}
20：	if 突变蝗虫 x'_{best} 的函数值 $<$ T 的函数值 then
21：	$x_{best} = x'_{best}$
22：	end if
23：	end if
24：	$t = t+1$
25：	end while
26：	返回最优个体 x_{best} 的位置
27：	end

随着人们对仿生智能优化算法研究的不断深入,基于不同生物进化机理的新型算法不断涌现。与此同时,在已有仿生智能优化算法的基础上,分析研究算法存在的局限性加以改进,也提出了很多新的改进仿生智能优化算法。例如,将差分进化和自适应变异策略引入多元宇宙优化(multiverse optimization, MVO)算法,从而有效增强原算法的全局探索能力和跳出局部最优解的能力[1];将动态双精英学习策略和正弦突变策略用于改进蝗虫优化算法(grasshopper optimization algorithm,GOA),以提高种群中精英个体对群体更新过程的影响,使算法具有更快的收敛速度,并且利用正弦函数在迭代过程中引导全局最优个体的变异,避免算法陷入局部最优,可以有效提高算法的收敛精度[2];利用图卷积网络产生更好的解并转化为蚁群优化(ant colony optimization,ACO)算法初始路径上的信息素,从而增强了算法初始阶段信息素浓度对蚂蚁的引导作用。同时,通过自适应动态调整信息素波动因子,并引入 3-opt 算法,增强了蚁群算法跳出局部最优的能力[3];针对乌鸦搜索算法(crow search algorithm, CSA)引入遗忘机制,增强算法跳出局部最优的能力,同时将基于反向学习的策略与遗忘机制相结合,以增加接近最优解的概率。此外,采用精英乌鸦和自适应飞行长度来提高算法的收敛精度[4]。为了平衡海洋捕食者算法(marine

① CHEN L,LI L J,KUANG W Y. A hybrid multiverse optimisation algorithm based on differential evolution and adaptive mutation[J]. Journal of Experimental & Theoretical Artificial Intelligence,2021,33(2):239-261.

② CHEN L,TIAN Y,Ma Y P. An improved grasshopper optimization algorithm based on dynamic dual elite learning and sinusoidal mutation[J]. Computing,2022,104:981-1015.

③ FEI T,WU X X,ZHANG L Y,et al. Research on improved ant colony optimization for traveling salesman problem[J]. Mathematical Biosciences and Engineering,2022,19(8):8152-8186.

④ XU W,ZHANG R F,CHEN L. An improved crow search algorithm based on oppositional forgetting learning[J]. Applied Intelligence,2022,52:7905-7921.

predators algorithm，MPA)的探索和开发能力,将改进型教与学优化算法的
"教阶段"的分组策略引入海洋捕食者算法的第一阶段以提升算法的全局搜索
能力,并将"学阶段"的分组学习机制引入海洋捕食者算法的第三阶段,以提高
捕食者和猎物之间的偶遇率以避免早熟收敛[①]。针对哈里斯鹰(Harris hawks
optimization，HHO)优化算法,在探索阶段引入 tent 映射优化随机参数,从而
提高算法早期的收敛速度;在开发阶段引入交叉变异算子,以实现在每次迭代
过程中对全局最优位置的交叉和突变;最后在进行选择操作时使用贪婪策略,
防止算法陷入局部最优解,从而提高算法的收敛精度[②]。这些性能更优的改进
算法也被成功应用于高光谱图像解混、求解旅行商、齿轮传动系设计、悬臂梁设
计、压力容器设计等实际问题的解决。

---

① MA YUNPENG, CHANG CHANG, LIN ZEHUA, et al. Modified marine predators algorithm hybridized with teaching-learning mechanism for solving optimization problems［J］. Mathematical Biosciences and Engineering，2023，20(1)：93-127.

② CHEN LEI, SONG NA, MA YUNPENG. Harris hawks optimization based on global cross-variation and tent mapping[J]. The Journal of Supercomputing，2023,79：5576-5614.

第 3 章

基于仿生智能优化的
盲信号分离技术

　　盲信号分离技术是一种仅利用观测信号恢复出源信号的方法,在语音处理、图像处理、通信和生物医学信号处理等多个领域均具有广阔的应用前景和发展潜力,对其研究已成为目前信号与信息处理、智能计算与信息处理等学科的研究热点。仿生智能优化算法作为一种模拟自然界生物体生存发展的行为方式进行目标优化的算法,是求解复杂优化问题的有效方法。因此,将仿生智能优化算法用于解决盲信号分离问题具有良好的前景。

3.1 线性混合盲信号分离模型

3.1.1 数学模型

　　在线性混合盲信号分离中,观测信号由一组传感器采集得到,其中每一个传感器接收到的信号是来自不同信号源信号的混合。设来自 N 个信号源的统计独立信号向量为 $s(t)=[s_1(t),s_2(t),\cdots,s_N(t)]^T$,通过传感器得到的 K 个观测信号向量为 $x(t)=[x_1(t),x_2(t),\cdots,x_K(t)]^T$,则线性混合盲分离的数学模型可表示为

$$x(t)=A \cdot s(t) \tag{3-1}$$

式中,A 为 $K×N$ 维的混合矩阵,且满秩可逆。一般情况下 $N=K$,即源信号数量等于观测信号数量,此时为适定(welldetermined)混合盲信号分离;当 $N>K$ 时,即源信号数量大于观测信号数量,此时为欠定(underdetermined)混合盲信号分离;当 $N<K$ 时,即源信号数量小于观测信号数量,此时为超定(overdetermined)混合盲信号分离。

恢复源信号的盲分离算法可以归纳为两类：一类是通过计算得到原混合矩阵的逆矩阵,将全部源信号同时分离出来;另一类则是按照一定次序把各独立源信号逐次分离出来,每分离出一个源信号,就把该源信号从混合信号中去除掉,然后对剩下的数据进行下一轮提取分离,直到所有(或所需)的源信号都被分离出来为止。

对于第一类算法,求解盲信号分离的关键是要找到分离矩阵 $\boldsymbol{W}$,使得

$$\boldsymbol{y}(t) = \boldsymbol{W} \cdot \boldsymbol{A} \cdot \boldsymbol{s}(t) \tag{3-2}$$

式中,$\boldsymbol{y}(t)$ 为源信号 $\boldsymbol{s}(t)$ 的估计信号,$\boldsymbol{y}(t) = [y_1(t), y_2(t), \cdots, y_N(t)]^{\mathrm{T}}$。其混合和分离过程如图 3-1 所示。

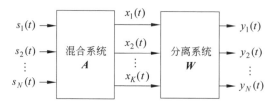

图 3-1　盲信号分离模型原理图

对于第二类逐次分离算法,其数学模型可描述为

$$y_i(t) = \boldsymbol{w}_i \cdot \boldsymbol{x}(t) \tag{3-3}$$

式中,$\boldsymbol{w}_i$ 为第 i 次分离行向量,$y_i(t)$ 为第 i 次分离出的单路源信号的估计。算法原理就是通过调节分离向量 $\boldsymbol{w}_i$,使得每次分离出来的信号与某一源信号的波形保持一致,即

$$y_i(t) = \boldsymbol{w}_i \cdot \boldsymbol{x}(t) = \boldsymbol{w}_i \cdot \boldsymbol{A} \cdot \boldsymbol{s}(t) = \lambda_k s_k(t) \tag{3-4}$$

式中,$i = 1, 2, \cdots, N; k = 1, 2, \cdots, N$。

3.1.2　假设条件与不确定性

如果不加任何限定条件,仅由观测信号 $\boldsymbol{x}(t) = [x_1(t), x_2(t), \cdots, x_K(t)]^{\mathrm{T}}$ 求解 $\boldsymbol{s}(t)$,则盲信号分离会有多解。因为很多组源信号 $\boldsymbol{s}(t)$ 和混合矩阵 $\boldsymbol{A}$ 的组合都可以得到相同的观测信号 $\boldsymbol{x}(t)$。因此,对于一般的盲信号分离均是在一些相关假设条件之下进行研究的。

(1) 源信号 $\boldsymbol{s}(t) = [s_1(t), s_2(t), \cdots, s_N(t)]^{\mathrm{T}}$ 为零均值平稳随机信号向量,其联合概率密度函数 $P[\boldsymbol{s}(t)]$ 等于 $\boldsymbol{s}(t)$ 各分量边缘概率密度函数之积,即各分量相互之间统计独立。

$$P[s(t)] = \prod_{i=1}^{N} P[s_i(t)] \tag{3-5}$$

（2）混合矩阵 $\boldsymbol{A}$ 列满秩可逆。

（3）源信号中至多仅有一路为高斯分布信号。

（4）混合过程不含噪声或噪声可忽略。

在上述假设前提下，盲信号分离是可解的，但一般情况下解也并非唯一。因为根据上述假设求解出来的分离信号并不能保证与源信号完全相同，分离信号和源信号之间仍然会存在幅度、符号和顺序上的差异。这便是盲信号分离算法一般情况下所存在的不确定性。

（1）幅度不确定性：分离信号和源信号之间存在幅度上的等比例放大与缩小。

（2）符号不确定性：分离信号有可能是源信号的反相信号。

（3）分离顺序不确定性：多路分离信号的排列顺序有可能与多路源信号的原始排列顺序不一致。

尽管盲分离算法的分离结果可能会存在上述不确定性，但是信号幅度的等比例缩放、信号的反相及排列顺序的差异一般情况下并不会影响对信号的分析及问题的解决。

3.1.3 盲信号分离前的预处理

在采用盲分离算法对观测信号进行分离前，一般要对观测信号进行预处理操作。预处理操作一般包括去均值和白化过程。

1. 去均值

由于盲分离算法大多是以源信号为零均值随机变量为假设条件的，所以在对混合信号进行盲分离之前需要消除信号的均值。即在分离过程中将实际观测信号 $\boldsymbol{x}_i$ 使用 $\bar{\boldsymbol{x}}_i = \boldsymbol{x}_i - E(\boldsymbol{x}_i)$ 来代替。由于实际观测数据为有限长样本，所以在去均值过程中使用样本的算术平均值来代替数学期望。即去均值公式为

$$\bar{\boldsymbol{x}}_i(t) = \boldsymbol{x}_i(t) - \frac{1}{T}\sum_{t=1}^{T}\boldsymbol{x}_i(t) \tag{3-6}$$

式中，T 为每路观测信号的样本数。

2. 白化

"白化"的目的是为了简化盲分离的求解。在进行盲分离前，针对 K 维观测信号 $\boldsymbol{x}$ 找到一个白化矩阵 $\boldsymbol{M}$，令

$$\tilde{\boldsymbol{x}} = \boldsymbol{M} \cdot \boldsymbol{x} = \boldsymbol{M} \cdot \boldsymbol{A} \cdot \boldsymbol{s} = \boldsymbol{U} \cdot \boldsymbol{s} \tag{3-7}$$

使得白化后的观测信号 $\tilde{x}$ 满足 $E[\tilde{x}\tilde{x}^\mathrm{T}]$ 为单位阵，即 $E[\tilde{x}\cdot\tilde{x}^\mathrm{T}]=I$。对观测信号进行白化操作的目的是为了去除各个观测信号之间的相关性，但并不能仅仅通过白化过程来实现信号的分离。因为一般的盲信号分离的判据是独立性，即通过分离矩阵 W 分离出的信号 $y(t)=[y_1(t),y_2(t),\cdots,y_N(t)]^\mathrm{T}$ 的各分量之间应该是统计独立的。而不相关并不能作为实现分离的判据，因为独立性是比不相关性更强的一种性质：如果一组随机向量是相互独立的，那么它们一定是不相关的，而反之并不成立。

白化是盲信号分离过程的一个重要预处理操作，由下式可以看出：

$$E[\tilde{x}\cdot\tilde{x}^\mathrm{T}]=E[(M\cdot x)(M\cdot x)^\mathrm{T}]=E[(M\cdot A\cdot s)(M\cdot A\cdot s)^\mathrm{T}]$$
$$=E[(U\cdot s)(U\cdot s)^\mathrm{T}]=U\cdot E[s\cdot s^\mathrm{T}]\cdot U^\mathrm{T}=I \qquad (3\text{-}8)$$

矩阵 U 为正交矩阵，可以认为白化后的信号 $\tilde{x}$ 是源信号经由正交矩阵 U 混合而得到的观测信号，因而可以针对 $\tilde{x}$ 把对混合矩阵 A 的搜索限制在正交矩阵的范围内，使得需要估计的参数项相对于矩阵 A 大大减少，以降低分离难度。因此，预白化操作的关键就是构造白化矩阵 M。其简便可行的方法可以采用特征值分解的方法，即设观测到的混合信号向量 x 的协方差矩阵为 $C_x=E[xx^\mathrm{T}]$，对矩阵 C_x 进行特征值分解，令 E 为以 C_x 的单位范数特征向量为列的矩阵，矩阵 $D=\mathrm{diag}(\lambda_1,\lambda_2,\cdots,\lambda_n)$ 为对角矩阵，其对角元素为矩阵 C_x 的特征值。则白化矩阵可表示为

$$M=D^{-1/2}\cdot E^\mathrm{T} \qquad (3\text{-}9)$$

由于在实际应用中，几乎所有自然数据都是正定的，所以矩阵 C_x 的特征值均为正值，因而能够保证白化矩阵 M 必然存在。

3.2 盲信号分离的独立性判据

对于盲信号分离，源信号之间的统计独立性往往是最基本的假设条件。大部分已有盲分离算法也是将信号的统计独立性作为解决问题的重要假设和研究基础。在以信号统计独立性为基础、解决线性混合信号盲分离问题时，其分离算法主要包括两部分。

(1) 选择用于度量分离信号独立性的判据，然后确定盲信号分离的目标函数。

(2) 利用某种方法对目标函数进行优化，从而得到使分离信号独立性最强的分离矩阵或分离向量。

目前常用的独立性判据主要包括最小互信息判据、极大似然判据、最大化

峭度判据和最大化负熵判据等。

3.2.1 最小互信息判据

Kullback-Leibler(库尔贝克-莱布勒)散度(简称 KL 散度)可以衡量两个概率密度函数的相似程度。设 $p(y)$ 和 $q(y)$ 是随机变量 y 的两个概率密度函数,则它们的 KL 散度定义为

$$\mathrm{KL}\big[p(y), q(y)\big] = \int p(y) \log \frac{p(y)}{q(y)} \mathrm{d}y \tag{3-10}$$

对于多变量情况,设 $p(\boldsymbol{y})$ 和 $q(\boldsymbol{y})$ 是随机向量 $\boldsymbol{y}$ 的两个概率密度函数,则其 KL 散度定义为

$$\mathrm{KL}\big[p(\boldsymbol{y}), q(\boldsymbol{y})\big] = \int p(\boldsymbol{y}) \log \frac{p(\boldsymbol{y})}{q(\boldsymbol{y})} \mathrm{d}\boldsymbol{y} \tag{3-11}$$

KL 散度具有按比例缩放不变性。当随机变量 y 发生等比例缩放变化时,它的 KL 散度值不会发生变化。即

$$\mathrm{KL}\big[p(ky), q(ky)\big] = \int p(ky) \log \frac{p(ky)}{q(ky)} \mathrm{d}(ky)$$

$$= \int \frac{p(y)}{k} \log \frac{\dfrac{p(y)}{k}}{\dfrac{q(y)}{k}} k \, \mathrm{d}y$$

$$= \int p(y) \log \frac{p(y)}{q(y)} \mathrm{d}y \tag{3-12}$$

KL 散度的值总是非负的,因而可以看作概率密度函数 $p(\boldsymbol{y})$ 和 $q(\boldsymbol{y})$ 之间的一种距离性的度量。当 $p(\boldsymbol{y}) = q(\boldsymbol{y})$ 时,其 KL 散度的值为 0;否则,$p(\boldsymbol{y})$ 和 $q(\boldsymbol{y})$ 的相似度越差,其 KL 散度的值越大。

在盲信号分离中,KL 散度可以用来度量随机向量的各分量之间的独立性。令 $p(\boldsymbol{y})$ 为随机向量 $\boldsymbol{y} = [y_1, y_2, \cdots, y_N]$ 的联合概率密度函数,当 $\boldsymbol{y}$ 的各分量之间相互独立时,有

$$p(\boldsymbol{y}) = \prod_{i=1}^{N} p(y_i) \tag{3-13}$$

根据 KL 散度的定义,$p(\boldsymbol{y})$ 和 $\prod\limits_{i=1}^{N} p(y_i)$ 的 KL 散度为

$$\mathrm{KL}\left[p(\boldsymbol{y}), \prod_{i=1}^{N} p(y_i)\right] = \int p(\boldsymbol{y}) \log \frac{p(\boldsymbol{y})}{\prod\limits_{i=1}^{N} p(y_i)} \mathrm{d}\boldsymbol{y} \tag{3-14}$$

$$\text{KL}\left[p(\boldsymbol{y}), \prod_{i=1}^{N} p(y_i)\right]$$ 称为互信息（mutual information），一般用 $I(\boldsymbol{y}) = I(y_1, y_2, \cdots, y_N)$ 表示。当 $\boldsymbol{y}$ 的各分量相互独立时，其互信息值 $I(\boldsymbol{y}) = 0$；$\boldsymbol{y}$ 的各分量之间的独立性越差，$I(\boldsymbol{y})$ 的值越大。因此，可以用互信息 $I(\boldsymbol{y})$ 作为盲分离的独立性判据来衡量分离算法所分离出的信号之间的独立程度。

3.2.2 极大似然判据

极大似然估计是一种用以估计信号独立性的统计估计方法。其基本思想是找到分离矩阵 $\boldsymbol{W}$，使得分离出的信号的概率密度函数在 KL 散度距离的意义上尽量接近于源信号的概率密度函数。设分离矩阵为 $\boldsymbol{W}$，分离过程为 $\boldsymbol{y} = \boldsymbol{W} \cdot \boldsymbol{x}$。在 $\boldsymbol{y}$ 的各分量独立的情况下，对于某一分离矩阵 $\boldsymbol{W}$，$\boldsymbol{x}$ 的对数似然函数为

$$\log p(\boldsymbol{x} \mid \boldsymbol{W}) = \log |\boldsymbol{W}| + \sum_{i=1}^{N} \log p(y_i) \tag{3-15}$$

式（3-15）是针对 $\boldsymbol{x}$ 在一个观测时刻的情况，如果针对 $\boldsymbol{x}$ 在 T 个观测时刻的观测值，分别用 $\boldsymbol{x}(1), \boldsymbol{x}(2), \cdots, \boldsymbol{x}(T)$ 表示。计算式（3-15）的平均值，令

$$L(\boldsymbol{W}) = \frac{1}{T} \sum_{t=1}^{T} \log p(\boldsymbol{x} \mid \boldsymbol{W})$$

$$= \frac{1}{T} \sum_{t=1}^{T} \sum_{i=1}^{N} \log p\left[\sum_{j} w_{ij} x_j(t)\right] + \log |\boldsymbol{W}| \tag{3-16}$$

式中，w_{ij} 是矩阵 $\boldsymbol{W}$ 的第 i 行、第 j 列上的元素。基于极大似然理论的盲分离过程就是找到使 $L(\boldsymbol{W})$ 最大化的分离矩阵 $\boldsymbol{W}$。为了能够计算出极大似然估计，需要通过自然梯度算法等数值计算方法来实现。

3.2.3 最大化峭度判据

非高斯性是判断信号独立性的重要标准，而四阶累积量（峭度）作为非高斯性度量的量化指标，在盲信号分离的求解中具有非常重要的作用。

对于零均值随机变量 y 的峭度 $k_4(y)$ 可以表示为

$$k_4(y) = E[y^4] - 3E^2[y^2] \tag{3-17}$$

信号的峭度可正可负，可为 0。为正值时称为超高斯（super Gaussian）信号、负值时称为亚高斯（sub-Gaussian）信号、零值时称为高斯（Gaussian）信号。峭度由于其在理论和实际计算中的简单性，已在多种盲信号分离算法中得到广泛应用。对于单一类型源信号混合的盲信号分离，可通过寻求观测信号 $\boldsymbol{x}$ 的一个线性组合 $w_i \boldsymbol{x}$，使其峭度最大化（超高斯信号）或最小化（亚高斯信号）来分离

独立分量;而对于源信号中同时包含超高斯和亚高斯信号的盲分离,可以使用峭度的绝对值作为目标函数,进而通过学习算法找到使目标函数最大化的分离向量 w_i 来实现源信号的分离。

3.2.4 最大化负熵判据

熵是信息论中的基本概念,变量的随机性越强,熵就越大。负熵也是信号非高斯性的很好度量。对于随机变量 y,负熵(negentropy)可以表示为

$$J(y) = \mathrm{KL}[p(y), p_G(y)] = \int p(y) \log \frac{p(y)}{p_G(y)} \mathrm{d}x$$
$$= H(y_G) - H(y) \tag{3-18}$$

式中,$H(y)$ 为随机变量 y 的微分熵,定义为

$$H(y) = -\int p(y) \log p(y) \mathrm{d}y \tag{3-19}$$

对于随机向量 $\boldsymbol{y}$,负熵则表示为

$$J(\boldsymbol{y}) = \mathrm{KL}[p(\boldsymbol{y}), p(\boldsymbol{y}_G)] = H(\boldsymbol{y}_G) - H(\boldsymbol{y}) \tag{3-20}$$

式中,$\boldsymbol{y}_G$ 是与 $\boldsymbol{y}$ 有相同协方差矩阵的高斯随机向量。$H(\boldsymbol{y})$ 和 $H(\boldsymbol{y}_G)$ 分别为随机向量 $\boldsymbol{y}$ 和 $\boldsymbol{y}_G$ 各自的联合熵,即

$$H(\boldsymbol{y}) = H(y_1, y_2, \cdots, y_N) = -\int p(\boldsymbol{y}) \log p(\boldsymbol{y}) \mathrm{d}\boldsymbol{y} \tag{3-21}$$

$$H(\boldsymbol{y}_G) = \frac{1}{2} \log |\boldsymbol{\Sigma}| + \frac{N}{2}[1 + \log 2\pi] \tag{3-22}$$

式中,$\boldsymbol{\Sigma}$ 为 $\boldsymbol{y}_G$ 的协方差矩阵。

负熵的值是大于或等于 0 的,只有高斯信号的负熵值为 0。由于负熵具有严密的统计理论背景,因此适于进行信号非高斯性的度量,但在实际应用中直接计算负熵又比较困难。因为需要通过大量的观测数据来估计随机变量的概率密度函数,而实际的盲信号分离中仅能得到有限个观测数据,且概率密度函数的计算往往又比较复杂。因此,在采用负熵作为独立性判据求解信号的盲分离时,负熵值一般是通过近似计算来得到的。

一种常用的近似计算方法是通过 Edgeworth 或 Gram-Charlier 展开的方法来逼近原始公式。如经过展开后得

$$J(y) \approx \frac{1}{48}[4k_3^2(y) + k_4^2(y) - 2k_3^4(y) - 18k_3^2(y)k_4(y)] \tag{3-23}$$

忽略后两项,可以得到

$$J(y) \approx \frac{1}{48}\left[4k_3^2(y) + k_4^2(y)\right] \approx \frac{1}{12}k_3^2(y) + \frac{1}{48}k_4^2(y) \tag{3-24}$$

可见,通过对负熵进行近似展开逼近,其计算可以转化为对信号四阶累积量和三阶累积量的计算,而无须估计信号的概率密度函数。

另一种方法是将负熵由非多项式函数进行逼近。当 $p(y)$ 接近标准高斯概率密度分布时, $p(y)$ 可以由非多项式函数 $G^{(i)}(y)$ 的加权和近似表示,即

$$p(y) = p_G(y)\left[1 + \sum_{i=1}^{N} c_i G^{(i)}(y)\right] \tag{3-25}$$

式中, $G^{(i)}(y)$ 的选择要满足正交归一性和矩消失性原则。因此,负熵可表示为

$$J(y) = H_G(y) - H(y) = \frac{1}{2}E\left\{\left[\sum_{i=1}^{N} c_i G^{(i)}(y)\right]^2\right\}$$

$$= \frac{1}{2}\sum_{i=1}^{N} E\left\{\left[G^{(i)}(y)\right]^2\right\} \tag{3-26}$$

通过选择满足条件的 $G^{(i)}(y)$,再分别求出 $\left[G^{(i)}(y)\right]^2$ 的统计平均值即可得到 $J(y)$ 的近似估计。在使用非多项式函数逼近负熵时,通常使用两个非多项式函数,如奇函数 $G^{(1)}(y)$ 和偶函数 $G^{(2)}(y)$,则 $J(y)$ 的近似估计可表示为

$$J(y) \approx k_1\{E[G^{(1)}(y)]\}^2 + k_2\{E[G^{(2)}(y)] - E[G^{(2)}(v)]\}^2 \tag{3-27}$$

式中, k_1 、 k_2 为正常数, v 是标准化的高斯随机变量。

通过合理选择非多项式函数 $G^{(i)}(y)$,可以得到比采用级数展开方法更好的近似表示。当选择函数值随自变量增长不快的函数 $G^{(i)}(y)$ 时,就能得到鲁棒性较好的负熵估计。

3.3 盲信号分离算法的性能评判

盲信号分离算法的性能优劣,一般通过主观定性评判和客观定量评判两种评判方法进行评价。

3.3.1 主观定性评判方法

主观定性评判方法主要是通过评判者从视觉角度比较分离信号波形或图像与源波形或图像的相似程度,或者从实际试听的角度(如语音信号)来判断分离算法的分离性能。主观定性评判方法可以直观地辨别出分离性能的优劣,但往往也会由于不同评判者的个体生理差别和主观意识的差异而导致评判结果发生偏差。并且由于主观定性评判方法对于算法分离性能的评价往往是定性描述,从而使得评判具有一定的局限性。

3.3.2 客观定量评判方法

客观定量评判方法主要是从数学角度定量评价算法的分离效果,常用分离信号与源信号的相关系数对盲分离算法的性能进行评判。

在实际评判中,为了忽略由于盲信号分离算法存在的反相现象而产生的相关系数的负值情况,一般采用相关系数的绝对值进行评价。

设 s_k 为第 k 路源信号,y_i 为该路源信号的估计(即分离信号),则分离信号与源信号的相关系数的绝对值可以定义为

$$\zeta_{ik} = \zeta(\boldsymbol{y}_i, \boldsymbol{s}_k) = \left| \frac{\sum\limits_{t=1}^{q} y_i(t) \cdot s_k(t)}{\sqrt{\sum\limits_{t=1}^{q} y_i^2(t) \cdot \sum\limits_{t=1}^{q} s_k^2(t)}} \right| \tag{3-28}$$

由于盲信号分离算法往往存在分离顺序的不确定性,所以一般情况下 $i \neq k$ (但不排除存在 $i = k$ 的情况)。当 $y_i(t) = \lambda_k s_k(t)$ 时,相关系数 $\zeta_{ik} = 1$。式中,λ_k 为分离信号与源信号的尺度变化系数。ζ_{ik} 的值越接近 1,表示分离信号与源信号的相似度越高。

对于盲信号分离算法分离性能的评判,一般先通过主观定性评判方法进行定性评判,然后采用客观定量评判方法进行定量评判,从而得到对盲信号分离算法分离效果的综合判断,为算法的改进和性能的进一步提高提供指导。

3.4 基于粒子群优化的有序盲信号分离算法

在盲信号分离问题中,当源信号的数量较多且仅有部分需要的源信号时,就没有必要分离出所有的源信号,只需分离出所需要的信号即可。A. Cichocki 等提出了按照规范四阶累积量的绝对值降序提取源信号的方法,由于算法中采用梯度法进行目标函数的求解,如果初值选择不够合理,算法容易陷入局部极值点,从而难以保证提取信号的有序性。为了保证源信号的有序提取,A. Cichocki 提出了引入噪声的方法。但是采用梯度法还需要解决非线性函数的选取问题,这与引入噪声的方法共同增加了算法的复杂性。

针对上述问题,采用粒子群优化算法对信号的规范四阶累积量进行优化,得到一种基于粒子群优化算法的有序盲信号分离算法[①]。该算法原理清晰简

---

① 陈雷,张立毅,郭艳菊,等.基于粒子群优化的有序盲信号分离算法[J].天津大学学报,2011,44(2):174-179.

单,不需要进行非线性函数的选取和噪声的引入,从而降低问题求解的复杂性。同时,本算法能够保证从混合信号中将源信号按照其规范四阶累积量的绝对值进行降序分离,且具有很高的分离精度。

针对逐次分离方法,可将分离模型用数学表达式描述为

$$y_i(t) = \boldsymbol{w}_i \cdot \boldsymbol{x}(t) \qquad (3\text{-}29)$$

式中,$\boldsymbol{w}_i$ 为第 i 次分离行向量,$y_i(t)$ 为第 i 次分离出的单路源信号的估计。算法的原理就是通过调节分离向量 $\boldsymbol{w}_i$ 中的元素值,使得每次分离出来的信号与某一源信号的波形相似。

在采用粒子群优化算法进行逐次盲信号分离的算法中,首先要确定分离的目标函数,然后使用粒子群优化算法对目标函数进行求解,从而得到分离向量 $\boldsymbol{w}_i$。在每分离出一路源信号后,需要对混合信号进行消源去相关计算,以去除该路源信号成分,然后再进行下一次源信号的分离,最终通过多次分离与消源计算过程分离出所有源信号。

本算法中,采用信号的规范四阶累积量的绝对值作为分离的目标函数,使用粒子群优化算法进行目标函数的优化。由于粒子群优化算法具有良好的全局搜索能力,所以每次分离出的信号均为此时混合信号中存在的规范四阶累积量绝对值最大的信号。因此,通过多次分离和消源计算过程最终可以将所有源信号按照其规范四阶累积量绝对值降序的顺序分离出来。

3.4.1　目标函数的选取

独立源信号的盲分离等价于最大化(或最小化)四阶累积量 $k_4(y_i)$,约束条件为 $E[y_i^2] = m_2 = 1$ 且 $\|\boldsymbol{w}_i\| = 1$,为使信号提取的顺序为四阶累积量的降序,使用规范四阶累积量 $\bar{k}_4(y_i)$,即

$$\bar{k}_4(y_i) = k_4(y_i)/m_2^2 = E[y_i^4]/E^2[y_i^2] - 3 \qquad (3\text{-}30)$$

求解 $\boldsymbol{w}_i$ 归结为如下优化问题:

$$\min \quad J(\boldsymbol{w}_i) = -\frac{1}{4}|\bar{k}_4(y_i)|, \quad \text{s.t.} \ \|\boldsymbol{w}_i\| = 1 \qquad (3\text{-}31)$$

可将式(3-31)转化为

$$\max \quad J(\boldsymbol{w}_i) = |\bar{k}_4(y_i)|, \quad \text{s.t.} \ \|\boldsymbol{w}_i\| = 1 \qquad (3\text{-}32)$$

为了避免传统梯度法在寻优过程中易陷入局部极值的缺陷,采用粒子群优化算法求解式(3-32)的带约束优化问题。

根据约束条件 $\|\boldsymbol{w}_i\| = 1$,通过球坐标变换原理,可将分离行向量 $\boldsymbol{w}_i =$

$[w_{i,1},w_{i,2},\cdots,w_{i,N}]$ 转化为参数方程表示的形式,即

$$w_{i,1}=\cos\theta_{i,N-1}\cos\theta_{i,N-2}\cdots\cos\theta_{i,2}\cos\theta_{i,1}$$

$$w_{i,2}=\cos\theta_{i,N-1}\cos\theta_{i,N-2}\cdots\cos\theta_{i,2}\sin\theta_{i,1}$$

$$w_{i,3}=\cos\theta_{i,N-1}\cos\theta_{i,N-2}\cdots\sin\theta_{i,2}$$

$$\cdots$$

$$w_{i,N-1}=\cos\theta_{i,N-1}\sin\theta_{i,N-2}$$

$$w_{i,N}=\sin\theta_{i,N-1} \tag{3-33}$$

式中,$0\leqslant\theta_{i,1},\theta_{i,2},\cdots,\theta_{i,N-1}\leqslant 2\pi$。

因此,对 w_i 的优化转化为对角度 $\boldsymbol{\theta}_i=[\theta_{i,1},\theta_{i,2},\cdots,\theta_{i,N-1}]$ 的优化,则式(3-32)的优化问题转化为下面的带约束优化问题。

$$\max \quad J(\boldsymbol{\theta}_i)=|\bar{k}_4(y_i)|, \quad \text{s.t. } 0\leqslant\theta_{i,1},\theta_{i,2},\cdots,\theta_{i,N-1}\leqslant 2\pi \tag{3-34}$$

使用粒子群优化算法求解上式的带约束优化问题,即可按照源信号规范四阶累积量绝对值的降序逐一分离出各路源信号。

3.4.2 参数编码与初始粒子群体的确定

采用粒子群优化算法对式(3-34)进行求解,首先要进行参数编码及初始群体的确定。如对三路源信号进行分离,分离行向量为 $w_i=[w_{i,1},w_{i,2},w_{i,3}]$,根据式(3-33)可得 $w_{i,1}=\cos\theta_{i,2}\cos\theta_{i,1}$,$w_{i,2}=\cos\theta_{i,2}\sin\theta_{i,1}$,$w_{i,3}=\sin\theta_{i,2}$,则对应的粒子编码为 $[\theta_{i,1},\theta_{i,2}]$。需要辨识的未知元素个数为 2,即每个粒子的维数 $D=2$。由于式(3-34)为带约束的优化问题,所以在采用粒子群优化算法求解时,初始群体的确定要依据约束给定,即在随机给定粒子位置的初值时,要将每一维的值限制在区间 $[0,2\pi]$ 内。

3.4.3 消源与新混合信号的形成

由于采用逐次分离源信号的方法,所以每次分离出一路源信号后,需要对混合信号进行消源计算,以去除该路源信号成分。此处采用去相关消源方法,设 $y_1(t)$ 是第一次分离出来的规范四阶累积量绝对值最大的信号,令 $y_1(t)=w_1x(t)=\lambda_k s_k(t)$,由于

$$\text{cov}[x_i(t),y_1(t)]=\text{cov}\left|\sum_{j=1}^{N}a_{ij}s_j(t),\lambda_k s_k(t)\right|$$

$$=\text{cov}[a_{i1}s_1(t),\lambda_k s_k(t)]+\cdots+\text{cov}[a_{ik}s_k(t),\lambda_k s_k(t)]$$

$$+\cdots+\text{cov}[a_{iN}s_N(t),\lambda_k s_k(t)]$$

$$= \lambda_k a_{ik} \operatorname{cov}[s_k(t), s_k(t)] = \frac{a_{ik}}{\lambda_k} \operatorname{cov}[y_1(t), y_1(t)] \tag{3-35}$$

上式两边除以 $\operatorname{cov}[y_1(t), y_1(t)]$，得

$$
\begin{aligned}
a_{ik} s_k(t) &= \frac{\lambda_k \operatorname{cov}[x_i(t), y_1(t)]}{\operatorname{cov}[y_1(t), y_1(t)]} s_k(t) \\
&= \frac{\operatorname{cov}[x_i(t), y_1(t)]}{\operatorname{cov}[y_1(t), y_1(t)]} y_1(t)
\end{aligned} \tag{3-36}
$$

设 $x_i^1(t)$ 为分离出一个源信号后经消源剩下的混合信号中的第 i 路信号，为表述清楚，这里用 $x_i^0(t)$ 表示原混合信号，即 $x_i^0(t) = x_i(t)$，由上式可得

$$x_i^1(t) = x_i^0(t) - a_{ik} s_k(t) = x_i^0(t) - \frac{\operatorname{cov}[x_i^0(t), y_1(t)]}{\operatorname{cov}[y_1(t), y_1(t)]} y_1(t) \tag{3-37}$$

式中，$i = 1, 2, \cdots, N-1$。

新的混合信号 $x_i^1(t)$ 中不再含有信号 $s_k(t)$ 的成分，仅由源信号中的 $s_1(t), \cdots,$ $s_{k-1}(t), s_{k+1}(t), \cdots, s_N(t)$ 混合而成。因此，经过 p 次分离并消源后，混合信号中仅剩余 $N-p$ 路源信号成分，则第 i 路信号为

$$x_i^p(t) = x_i^{p-1}(t) - a_{ik} s_k(t) = x_i^{p-1}(t) - \frac{\operatorname{cov}[x_i^{p-1}(t), y_p(t)]}{\operatorname{cov}[y_p(t), y_p(t)]} y_p(t)$$

$$\tag{3-38}$$

式中，$i = 1, 2, \cdots, N-p$。

因此，仅需对新的混合信号 $\boldsymbol{x}^p(t) = [x_1^p(t), x_2^p(t), \cdots, x_{N-p}^p(t)]^T$ 重复上述粒子群分离和消源计算过程，直到分离出所有源信号为止。可见，在逐一分离源信号的过程中，参与分离运算的新混合信号数量逐渐减少，而且分离向量 w_i 的维数也相应降低，使得粒子编码维数降低，运算量减小。

基于粒子群优化的有序盲信号分离算法的具体步骤如下。

（1）对混合信号 $\boldsymbol{x}(t)$ 进行去均值和白化操作。

（2）根据混合信号中源信号的数量确定粒子维数和粒子编码。

（3）根据约束条件初始化粒子群，在约束范围内随机产生一定数量的粒子，初始化粒子的位置和移动速度。

（4）根据式（3-29）计算出某一路源信号的估计 $y_i(t)$，计算出每个粒子的目标函数值。

（5）将每个粒子的当前目标函数值与其自身的个体最优值进行比较，如果优于个体最优值，则设置当前位置为此粒子的当前最优位置 pbest。如果其当前目标函数值还优于当前全局最优值，则设置当前位置为整个种群的全局最优

位置 gbest。

（6）更新每个粒子的速度与当前位置，并按约束条件将其限制在一定范围内。

（7）如果满足终止条件，则输出解；否则返回步骤（4）。

（8）根据式（3-38）对混合信号进行消源计算，得到新的混合信号 $x^p(t)$。

（9）如果已经恢复出所有源信号，则停止计算；否则，返回步骤（2）。

3.4.4　实验分析

为了验证算法的有效性，分别对源信号为超高斯信号、亚高斯信号及超高斯和亚高斯混合信号的盲分离进行了仿真实验。超高斯信号采用语音信号，亚高斯信号采用数学函数。对各类源信号采用随机产生的同一混合矩阵 A 进行混合。

$$A = \begin{bmatrix} 0.6500069 & 0.0525514 & 0.6277587 \\ 0.4240006 & 0.4095178 & 0.1720583 \\ 0.0437448 & 0.3347499 & 0.7183708 \end{bmatrix}$$

粒子群算法的各项参数设置如下：种群规模为 30，粒子维数 $D=2$，每一维粒子速度限制在 $[-0.7, 0.7]$，$c_1 = c_2 = 2$，惯性因子 u 通过线性下降的方法在 $[0.3, 0.8]$ 范围内变化。算法运行 10 次，最大迭代次数设定为 200 次。

1. 超高斯信号盲分离实验

选取三个超高斯信号（语音信号）作为源信号，如图 3-2（a）所示。在混合矩阵 A 的作用下将源信号进行混合，得到混合信号如图 3-2（b）所示。利用本算法对混合信号进行逐一盲分离，分离结果如图 3-2（c）所示。图 3-2（d）和图 3-2（e）分别为逐一分离信号过程中，第一次和第二次分离过程中粒子群进化收敛曲线（取 10 次仿真的均值）。由于在第二路源信号被分离后，消源去相关得到的新混合信号中仅含有一路源信号的成分，因而无须再次进行分离运算，可直接从消源去相关后得到的两路信号中任选一路作为第三路源信号的恢复信号。从粒子群进化收敛曲线可以看出，每次分离过程中算法在粒子群进化迭代 30 次内即能达到收敛，正确恢复出源信号。

通过观察图 3-2 可以发现，对于源信号为单一类型的超高斯信号的盲分离，本算法能够很好地恢复出源信号，并且能够保证分离顺序按照源信号的规范四阶累积量绝对值的降序进行。

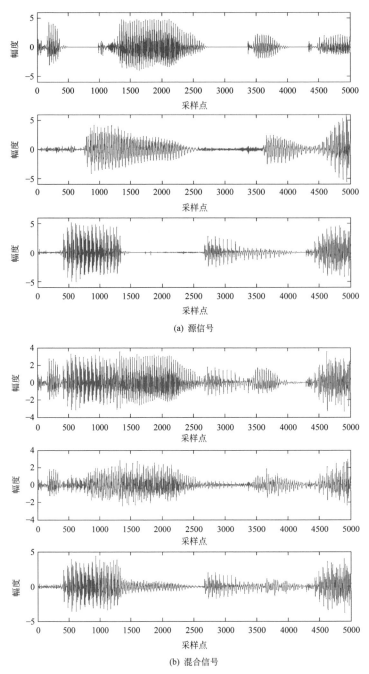

(a) 源信号

(b) 混合信号

图 3-2　超高斯信号仿真结果

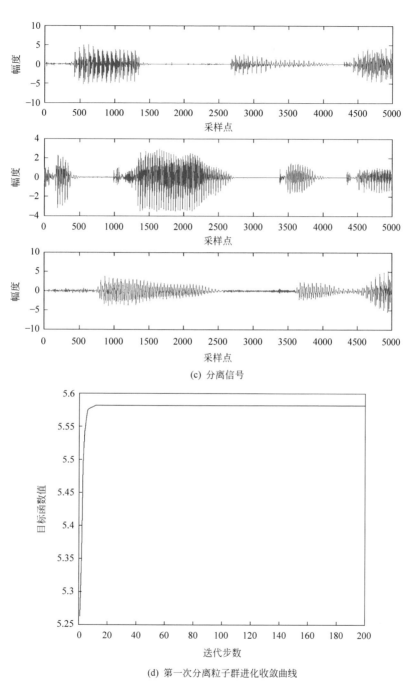

(c) 分离信号

(d) 第一次分离粒子群进化收敛曲线

图 3-2 （续）

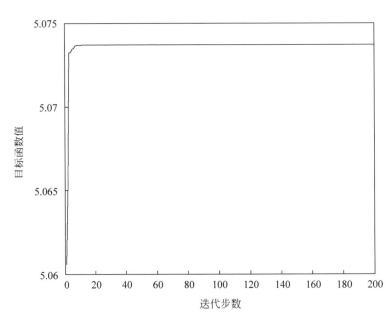

(e) 第二次分离粒子群进化收敛曲线

图 3-2 （续）

2. 亚高斯信号盲分离实验

选取方波、正弦波及余弦波 3 个亚高斯信号作为源信号,如图 3-3(a)所示。在混合矩阵 **A** 的作用下将源信号进行混合,得到混合信号如图 3-3(b)所示。利用本算法进行逐一盲分离,分离结果如图 3-3(c)所示。

由图 3-3 可知,对于源信号为单一类型的亚高斯信号的盲分离,本算法能够很好地按序恢复出源信号。

3. 混合类型信号盲分离实验

选取一个超高斯信号(语音信号)和两个亚高斯信号(正弦波和余弦波)作为源信号,如图 3-4(a)所示。源信号在混合矩阵 **A** 的作用下进行混合,得到混合信号如图 3-4(b)所示。利用本算法对混合信号进行逐一盲分离,分离结果如图 3-4(c)所示。

由图 3-4 可知,对于源信号为超高斯和亚高斯信号的混合信号的盲分离,本算法也能按序恢复出源信号。

4. 分离性能分析

为了客观评价算法的分离性能,采用式(3-28)定义的相关系数的绝对值来定量度量源信号与分离信号的相似程度。

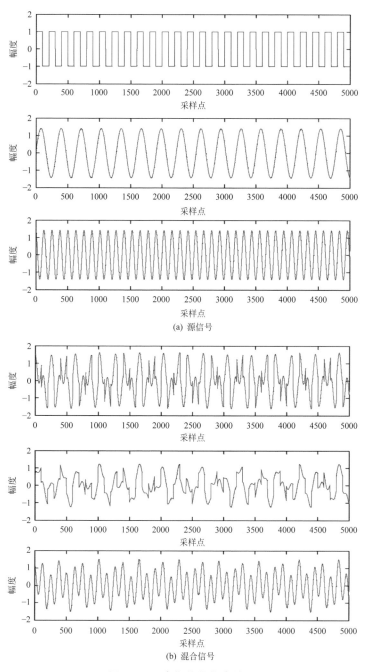

(a) 源信号

(b) 混合信号

图 3-3　亚高斯信号仿真结果

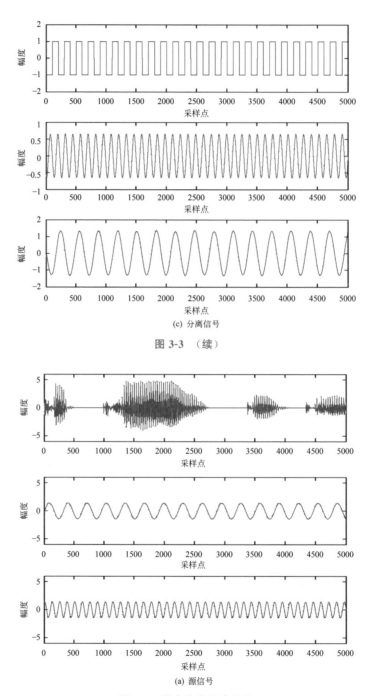

(c) 分离信号

图 3-3 （续）

(a) 源信号

图 3-4 混合信号仿真结果

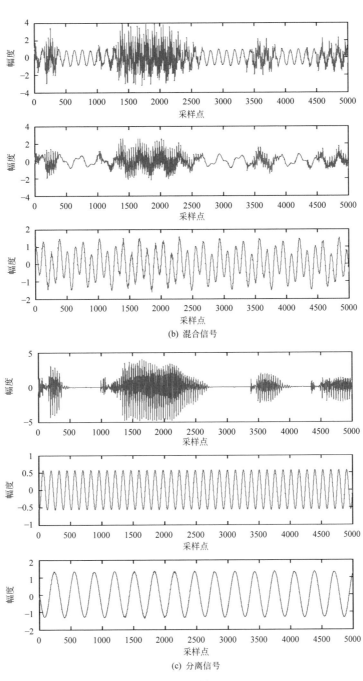

(b) 混合信号

(c) 分离信号

图 3-4 （续）

表 3-1 给出了采用本算法对上述不同混合信号分离结果的统计平均值。可以看出,本算法能够保证分离顺序严格按照源信号的规范四阶累积量绝对值的降序进行,且分离信号与源信号的相关系数的绝对值达到或接近 0.999。

表 3-1 分离结果与性能分析

源信号类型		源信号规范四阶累积量	分离信号规范四阶累积量	分离信号与源信号相关系数绝对值
超高斯信号	1	5.07198	5.58160	0.99999
	2	3.90002	5.07370	0.99993
	3	5.58132	3.89075	0.99860
亚高斯信号	1	-1.99998	-1.99998	0.99999
	2	-1.49729	-1.49916	0.99998
	3	-1.49932	-1.49724	0.99970
混合类型信号	1	5.07198	5.07399	0.99990
	2	-1.49729	-1.49927	0.99998
	3	-1.49932	-1.49656	0.99982

3.4.5 算法在工频干扰消除中的应用

工频干扰消除是微弱信号采集过程中克服外界干扰的一种重要技术手段。在矿区、厂区等特殊环境中进行地震数据采集时,观测信号中往往包含工频干扰,严重影响采集数据的质量和准确性;在心电信号检测中,抑制 50Hz 工频干扰也是非常重要的问题之一。目前除可采用传统的陷波滤波法和自适应滤波法消除工频干扰外,基于盲信号分离的方法也是一种有效方法。因此,可将基于粒子群优化的有序盲分离算法用于工频干扰消除。该算法具体如下。

1)算法原理

设在工频干扰消除问题中,待测有用信号为 $s(t)$,工频干扰成分为 $r(t)$,则含有工频干扰的采集信号为

$$x(t) = \hat{a}_{11} s(t) + \hat{a}_{12} r(t) = \hat{a}_{11} s(t) + \hat{a}_{12} A \sin(2\pi f_0 t + \theta_0) \quad (3\text{-}39)$$

式中,A、f_0 和 θ_0 分别为工频干扰成分的幅度、频率和相位;$\hat{a}_{11}$ 与 $\hat{a}_{12}$ 代表加权系数。

利用传统的盲信号分离方法并不能直接消除单路采集信号中的工频干扰成分,如果要分离出纯净的有用信号,还必须存在另外的观测信号。因此,在仅存在单路采集信号的情况下,希望使用盲信号分离方法来消除工频干扰,还需要构造其他观测信号。

在已知工频干扰信号频率或通过频率估计方法[①]获得工频干扰信号频率的情况下,可以采用人工构造观测信号的方法[②]构造盲信号分离所需的其他观测信号,使工频干扰消除问题转化为盲信号分离问题,从而可以采用盲信号分离的方法解决工频干扰消除问题。将实际采集信号 $x(t)$ 展开为

$$x(t) = \hat{a}_{11} s(t) + \hat{a}_{12} r(t) = \hat{a}_{11} s(t) + \hat{a}_{12} A \sin(2\pi f_0 t + \theta_0)$$

$$= \hat{a}_{11} s(t) + \hat{a}_{12} A \cos\theta_0 \sin 2\pi f_0 t + \hat{a}_{12} A \sin\theta_0 \cos 2\pi f_0 t \quad (3\text{-}40)$$

令 $a_{11} = \hat{a}_{11}$,$a_{12} = \hat{a}_{12} A \cos\theta_0$,$a_{13} = \hat{a}_{12} A \sin\theta_0$,则式(3-40)写为

$$x(t) = a_{11} s(t) + a_{12} \sin(2\pi f_0 t) + a_{13} \cos(2\pi f_0 t) \quad (3\text{-}41)$$

针对实际采集信号和人工构造的观测信号的混合模型可表示为

$$\begin{bmatrix} x(t) \\ r_1(t) \\ r_2(t) \end{bmatrix} = \begin{bmatrix} a_{11} & a_{12} & a_{13} \\ 0 & a_{22} & 0 \\ 0 & 0 & a_{33} \end{bmatrix} \cdot \begin{bmatrix} s(t) \\ \sin(2\pi f_0 t) \\ \cos(2\pi f_0 t) \end{bmatrix} = \boldsymbol{A} \cdot \begin{bmatrix} s(t) \\ \sin(2\pi f_0 t) \\ \cos(2\pi f_0 t) \end{bmatrix} \quad (3\text{-}42)$$

即认为存在 $s(t)$、$\sin(2\pi f_0 t)$ 和 $\cos(2\pi f_0 t)$ 三路源信号,在混合矩阵 $\boldsymbol{A}$ 的作用下得到三路观测信号 $x(t)$、$r_1(t)$ 和 $r_2(t)$。因此,可以通过构造另外两路观测信号 $r_1(t) = a_{22} \sin(2\pi f_0 t)$ 和 $r_2(t) = a_{33} \cos(2\pi f_0 t)$,将其与 $x(t)$ 共同作为盲信号分离的观测信号。通过对三路观测信号采用盲信号分离算法进行分离,即可得到不含工频干扰的有用信号。

针对工频干扰消除问题,并不需要恢复所有源信号,而只需分离出不含工频干扰的有用信号即可的特点,因此,可采用基于粒子群优化的有序盲信号分离算法进行工频干扰的消除。这样在对源信号的逐次分离过程中,当不含工频干扰的有用信号被分离出来以后,就无须进行继续分离,可以大幅降低算法的计算量。

在进行工频干扰消除过程中,采用式(3-42)人工构造等效观测信号的方法,利用基于粒子群优化的有序盲信号分离算法针对采集信号 $x(t)$、等效观测信号 $r_1(t)$ 和 $r_2(t)$ 三路信号进行盲分离,即可恢复出不含工频干扰的有用信号。

基于粒子群优化有序盲信号分离算法的工频干扰消除方法的具体步骤如下。

(1) 根据式(3-42),构造另外两路观测信号 $r_1(t)$ 和 $r_2(t)$。

---

① 沈凤麟. 生物医学随机信号处理[M]. 合肥:中国科技大学出版社,1999.

② 吴小培,詹长安,周荷琴,等. 采用独立分量分析的方法消除信号中的工频干扰[J], 中国科技大学学报,2000,30(6):671-676.

（2）对三路观测信号 $x(t)$、$r_1(t)$ 和 $r_2(t)$ 进行去均值和白化操作。

（3）根据观测信号中所存在源信号成分的数目，确定粒子维数和粒子编码。

（4）根据约束条件初始化粒子群，在约束范围内随机产生一定数量的粒子，初始化粒子的位置和移动速度。

（5）根据式(3-29)计算出某一路源信号的估计 $y_i(t)$，计算出每个粒子的目标函数值。

（6）将每个粒子的当前目标函数值与其自身的个体最优值进行比较，如果优于个体最优值，则设置当前位置为此粒子的当前最优位置 pbest。如果其当前目标函数值还优于种群的当前全局最优值，则设置当前位置为整个种群的全局最优位置 gbest。

（7）更新每个粒子的速度与当前位置，并根据约束条件将其限制在一定范围内。

（8）如果满足终止条件，则输出解；否则返回步骤(5)。

（9）根据式(3-38)对混合信号进行消源计算，得到新的混合信号。

（10）如果已经恢复出不含工频干扰的有用信号，则停止计算；否则，返回步骤(3)。

2）实验分析

实验 1　地震信号工频干扰消除实验。

为验证本方法消除工频干扰的效果，在一道不含工频干扰的地震信号中，叠加模拟工频干扰信号 $r(t)=\sin\left(100\pi t+\dfrac{3}{4}\pi\right)$，得到包含 $50\,\mathrm{Hz}$ 工频干扰的地震信号，分别如图 3-5 和图 3-6 所示。

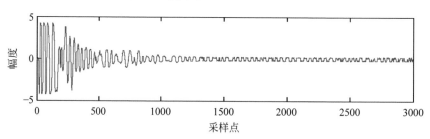

图 3-5　原始地震信号

根据人工构造等效观测信号的方法，构造等效观测信号 $r_1(t)=\sin(100\pi t)$、$r_2(t)=\cos(100\pi t)$，并与含工频干扰的地震信号一起构成盲分离的三路输入信号。采用基于粒子群优化的有序盲信号分离算法针对三路输入信号逐一分离

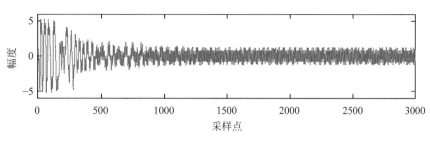

图 3-6　混有工频干扰的地震信号

源信号。算法中粒子群的各项参数设置为：种群规模为 30，粒子维数 $D=2$，每一维粒子速度限制在 $[-0.7,0.7]$，$c_1=c_2=2$，惯性因子 u 通过线性下降的方法在 $[0.2,0.8]$ 范围内变化。算法运行 20 次，最大迭代次数设定为 200 次，工频干扰消除结果如图 3-7 所示。可见基于粒子群优化的有序盲分离算法的工频干扰消除方法成功分离出了有用地震信号。

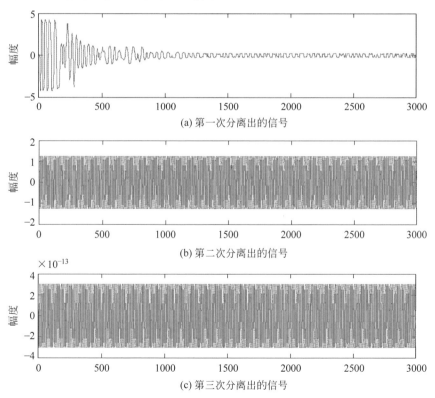

图 3-7　消除地震信号中工频干扰输出波形图

图 3-8 所示为进行第一次分离时算法运行 20 次的平均目标函数值收敛曲线。通过多次实验表明,算法每次运行均能成功实现工频干扰的消除,未出现早熟收敛现象。

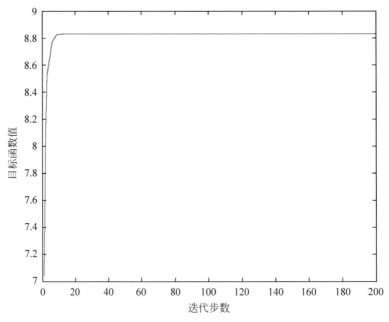

图 3-8　算法运行 20 次的平均目标函数值收敛曲线

在每次实验中,不含工频干扰的地震信号均在第一次分离时得到恢复。在这种情况下,工频干扰消除的目的已经达到,无须再进行第二次和第三次分离。地震信号之所以能够在第一次分离时得到恢复,其根本原因在于本方法是根据源信号规范四阶累积量绝对值的降序进行信号分离。仿真实验中所选取的地震信号的规范四阶累积量为 8.828,而等效源信号为正、余弦信号,其规范四阶累积量分别为 −1.499 和 −1.500,所以地震信号总能在第一次分离时得以恢复。因此,只要有用信号的规范四阶累积量的绝对值大于其他两路等效源信号,第一次分离出来的信号即为所需信号,而无须进行进一步的分离。

表 3-2 给出了 20 次仿真实验中,恢复出的地震信号与原始地震信号的相关系数的绝对值。从表中可以看出,恢复出的信号与原始信号的相关系数的绝对值较高,均能达到 0.9999 以上,可见本方法能够较好地实现地震信号中工频干扰的消除。

表3-2 恢复信号与原始地震信号的相关系数绝对值

序 号	相关系数绝对值	序 号	相关系数绝对值
1	0.99991855619063	11	0.99991855578910
2	0.99991855564776	12	0.99991855573899
3	0.99991855553488	13	0.99991855568399
4	0.99991855524719	14	0.99991855534788
5	0.99991855604291	15	0.99991855568045
6	0.99991855517771	16	0.99991855540621
7	0.99991855577980	17	0.99991855578691
8	0.99991855577154	18	0.99991855536098
9	0.99991855580913	19	0.99991855584038
10	0.99991855532935	20	0.99991855557487

实验2 心电信号工频干扰消除实验。

利用对心电信号的工频干扰消除效果验证基于粒子群优化的有序盲分离算法的工频干扰消除方法的性能。在不含工频干扰的心电信号中,人为加入模拟工频干扰信号 $r(t)=\sin\left(100\pi t+\dfrac{3}{4}\pi\right)$,得到包含50Hz工频干扰的心电信号。算法参数设置同实验1。原始心电信号、混有工频干扰的心电信号和工频干扰消除结果分别如图3-9、图3-10和图3-11所示。可见本方法能够较好地实现心电信号中工频干扰的消除。

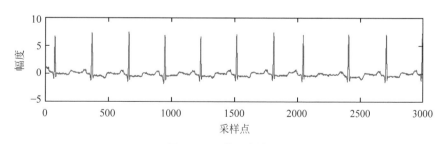

图3-9 原始心电信号

表3-3所示为进行20次仿真恢复出的心电信号与原始心电信号的相关系数绝对值。从表中可以看出,相关系数的绝对值均达到0.9999以上,说明本算

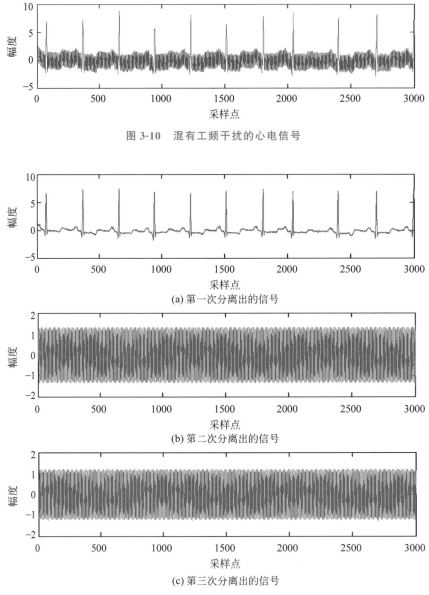

图 3-10　混有工频干扰的心电信号

(a) 第一次分离出的信号

(b) 第二次分离出的信号

(c) 第三次分离出的信号

图 3-11　消除心电信号中工频干扰输出波形图

法对心电信号具有良好的工频干扰消除效果。

由于仿真实验中所选取的心电信号的规范四阶累积量为 28.028，而正、余弦等效源信号的规范四阶累积量仅为−1.499 和−1.500,因此心电信号在第一次分离时即可得以恢复。

表 3-3　恢复信号与原始心电信号的相关系数绝对值

序　号	相关系数绝对值	序　号	相关系数绝对值
1	0.99996763475406	11	0.99996763477159
2	0.99996763481455	12	0.99996763501618
3	0.99996763475406	13	0.99996763477100
4	0.99996763474040	14	0.99996763499245
5	0.99996763477555	15	0.99996763481563
6	0.99996763470434	16	0.99996763478960
7	0.99996763481046	17	0.99996763475115
8	0.99996763476412	18	0.99996763480552
9	0.99996763486683	19	0.99996763487949
10	0.99996763490179	20	0.99996763489674

3.5　基于细菌群体趋药性的有序盲信号分离算法

在优化算法的研究领域,很多算法来源于生物进化过程或者生物食物搜索过程,如遗传算法、蚁群算法和粒子群算法等。这些算法在解决多模态、非连续的优化问题时都较传统的梯度算法具有更好的优化效果。

近年来,利用生物的趋药性原理进行优化的算法也逐渐成为学者研究的热点。关于趋药性优化算法的研究最早是由 H. J. Bremermann 和 R. W. Anderson 发起,他们对趋药性算法的原理进行了研究,并用于神经网络的训练。S. D. Muller 在 H. C. Berg 的研究基础上,提出了一种单细菌趋药性(Bacterial Chemotaxis,BC)优化算法,并用于进行机翼外形的设计。

在单细菌趋药性优化方法的基础上,结合细菌聚群现象和中心点吸引策略,提出一种基于探测判断和优势细菌随机扰动策略的细菌群优化算法,同时将其应用于解决盲信号分离问题,得到了一种基于细菌群优化算法的有序盲信号分离算法,成功实现了对源信号为亚高斯信号、超高斯信号以及亚超高斯混合信号等不同类型信号的有序盲分离,取得了很好的分离效果[①].

3.5.1　带探测判断和优势细菌随机扰动的细菌群优化算法

在 BC 算法的函数优化过程中,细菌利用其自身上一点和当前点的位置信息来确定下一步的运动行为。图 3-12 是采用单细菌优化算法搜索函数 $f(x_1, x_2) = (x_1 - 1)^2 + (x_2 - 1)^2$ 极值点的运动轨迹图。

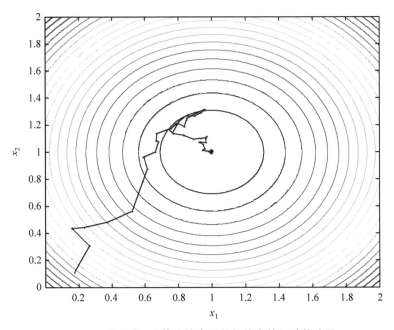

图 3-12　单细菌 BC 算法搜索函数极值点的运动轨迹图

函数 $f(x_1, x_2)$ 为一个二维单峰函数,从图中细菌的运动轨迹可以看出,单细菌算法在进行函数优化时,通过细菌的运动行为最终可以到达函数的极值点 (1,1) 附近。但单细菌的运动方向并不能理想地沿着函数梯度的方向进行,在搜索过程中,需要在搜索范围内通过对多点的探测来修正自己的运动方向和移动距离。

由于运动方向的修正依赖于旋转角度 α 的确定,而 α 的计算与概率密度函数有关,这给算法寻优带来一定的不确定性,导致收敛速度较慢。而且当细菌

---

① 陈雷,张立毅,郭艳菊,等. 基于细菌群体趋药性的有序盲信号分离算法[J]. 通信学报,2011, 32(4):77-85.

到达极值点附近时,由于函数值的梯度变化很小,细菌的运动接近于随机摄动而很难定位于极值点,从而导致搜索精度不高。

针对单细菌 BC 算法所存在的上述问题,提出一种带探测判断和优势细菌随机扰动的细菌群优化算法(Detection Perturbation Bacterial Colony Chemotaxis,DPBCC)。

1. DPBCC 算法

自然界中的生物多是以群体方式生存和发展,除了每个生物个体具有探索能力外,群体之间的信息交流也会起到非常重要的作用。细菌在觅食过程中也存在信息交流和群体聚集现象,通过信息交换,能够使整个群体更好更快地寻找到食物,从而保证整个种群的生存。

当引入群思想后,需要解决细菌之间的信息交互问题。在每个细菌根据自身经验确定下一步移动位置后,还应由其他细菌为其提供指导性建议。因此,可以采用周围具有更好位置的细菌中心点对此细菌进行吸引。

中心点吸引策略如下。

(1)在移动步数为 l 时的细菌 m 附近有更好位置的其他细菌的中心点由式(3-43)确定。

$$\text{center}(\boldsymbol{x}_{m,l}) = \text{aver}[\boldsymbol{x}_{n,l} \mid f(\boldsymbol{x}_{n,l}) < f(\boldsymbol{x}_{m,l})] \tag{3-43}$$

式中,aver(•)代表对(•)内的所有位置向量取平均值。细菌 m 将以距离 rand()•dis$(\boldsymbol{x}_{m,l},\text{center}(\boldsymbol{x}_{m,l}))$ 移向中心位置 center$(\boldsymbol{x}_{m,l})$。dis(•)代表求两点之间的距离。rand()为(0,2)范围内服从均匀分布的随机数。

(2)细菌根据自身信息按照 BC 算法确定的新位置为 $\boldsymbol{x}'_{m,l+1}$,根据中心点吸引确定的新位置为 $\boldsymbol{x}''_{m,l+1}$,计算位置 $\boldsymbol{x}'_{m,l+1}$ 和位置 $\boldsymbol{x}''_{m,l+1}$ 的函数值。如果 $f(\boldsymbol{x}'_{m,l+1}) < f(\boldsymbol{x}''_{m,l+1})$,细菌就在 $l+1$ 步移向位置 $\boldsymbol{x}'_{m,l+1}$,否则就移向位置 $\boldsymbol{x}''_{m,l+1}$。

在引入中心点吸引思想后,可以利用细菌群体的判断能力,实现各细菌相互之间的信息交流。但通过分析中心点吸引策略会发现,每个细菌每次进化必然会移动到一个新的位置,第 $l+1$ 步的新位置实际为位置 $\boldsymbol{x}'_{m,l+1}$ 和位置 $\boldsymbol{x}''_{m,l+1}$ 中的较优者。而新位置未必就优于细菌第 l 步所处的位置,从而导致优势位置的丧失,而使细菌群中的细菌个体在进化过程中一直处于运动状态而难以定位于全局最优位置。

因此,将探测判断和优势细菌随机扰动两种策略引入细菌群的进化过程,在解决细菌定位问题的同时,提高了算法的收敛精度和克服局部收敛的能力。

① 探测判断策略。对处于移动步数 l 的第 m 个细菌进行下一个移动位置的确定时,首先根据细菌个体自身的搜索能力探测到第 $l+1$ 步移动的备选位

置 $x'_{m,l+1}$,然后根据中心点吸引原则得到 $x''_{m,l+1}$;比较两个备选位置和细菌当前位置的目标函数值,选择三者中最优位置作为下一步移动的新位置。这有利于防止在种群进化后期,细菌受外界吸引和自身搜索行为随机性的影响而产生盲目摄动,无法快速收敛于最优位置的问题。

② 优势细菌随机扰动策略。在细菌群进化后期,一些细菌会处于较优位置,此时每个细菌根据自身搜索能力和中心点吸引所找到的新位置的目标函数值可能均差于细菌当前位置,这会导致这些细菌停滞不前,增加了群体陷入局部极值的可能。针对此问题,提出优势细菌随机扰动策略:在确定细菌下一步的新位置时,针对处于优势位置的细菌,若发现其通过自身探测和中心点吸引所得到的新位置均未优于当前位置而移动停滞时,对此细菌位置进行一个随机扰动。如果扰动后得到的新位置优于当前位置,则将此位置作为细菌下一步移动的新位置,否则仍使用当前位置作为下一步的新位置。这种扰动策略既可以防止细菌停滞于局部最优点,又可以防止由于扰动所导致的优势位置丧失。

通过在中心点吸引的基础上加入探测判断和优势细菌随机扰动两种策略,克服了单细菌算法搜索速度慢和易陷入局部收敛的缺点,得到了一种性能更优的细菌群优化算法。

2. 测试函数实验

为了考查 DPBCC 算法解决函数优化问题的能力,选择 6 个已广泛用于智能优化算法的性能评价中的测试函数进行优化实验,并将 DPBCC 算法与 BC 算法、基本 PSO 算法和惯性权重下降的 PSO 算法(WPSO)的优化性能进行比较。其中前 3 个函数为单模态函数,具有唯一极小点;后 3 个函数为多模态函数,具有多个局部极小点。函数表述、取值范围和函数理论极值如表 3-4 所示。

表 3-4 测试函数

序号	函 数 形 式	取值范围	函数理论极值
1	$f_1(x,y)=x^2+y^2$	$[-50,50]$	0
2	$f_2(x,y)=x^4+y^4$	$[-50,50]$	0
3	$f_3(x,y)=\max(|x|,|y|)$	$[-50,50]$	0
4	$f_4(x,y)=20+\{x^2-10\cos(2\pi x)+y^2-10\cos[2\pi y]\}$	$[-50,50]$	0
5	$f_5(x,y)=(x^2+y^2)^{0.25}\cdot\{\sin^2[50(x^2+y^2)^{0.1}+1.0]\}$	$[-50,50]$	0
6	$f_6(x,y)=\dfrac{(\sin\sqrt{x^2+y^2})^2-0.5}{[1+0.001(x^2+y^2)]^2}+0.5$	$[-50,50]$	0

采用两种性能指标来评价不同优化算法对测试函数的优化性能。

（1）固定进化代数情况下，算法所得最优解、最劣解及平均解。此指标可以在一定程度上体现出算法的搜索速度和精度。实验中选取 500 次作为固定进化代数。

（2）成功率和平均进化代数。成功率为不同算法进化到达设定阈值的次数占算法总运行次数的比例，该指标可以体现算法的可靠性；算法成功到达设定阈值的平均进化代数体现出算法的进化速度。DPBCC 算法的各项参数设置如下：菌群规模为 50，细菌移动速度 $v=1$，搜索精度 $\varepsilon = 10^{-10}$；BC 算法中的细菌移动速度和搜索精度与 DPBCC 算法相同；PSO 算法的各项参数设置为：粒子群规模为 50，$c_1 = c_2 = 2$。基本 PSO 算法中惯性权重值为 0.5，WPSO 算法中惯性权重值从 0.8 到 0.3 线性下降。

表 3-5 给出了 4 种算法在进化 500 代时优化测试函数的结果，不同算法针对不同测试函数的独立实验次数为 30。可以看出，对于函数 $f_1(x,y) \sim f_5(x,y)$，DPBCC 算法均能达到满意的优化结果，其平均解的精度均高于其他 3 种算法。对于函数 $f_6(x,y)$，由于所有算法均有收敛到局部极值点的情况，所以平均解的精度都会有所下降，但由于 DPBCC 算法的全局收敛性要优于其他 3 种算法，所以 DPBCC 算法的平均解仍要优于其他 3 种算法。因此，就整体而言，DPBCC 算法能在规定的进化代数内得到较为满意的结果。而 BC 算法由于为非群类算法，搜索过程类似于传统的梯度算法。因此对于简单的单模态函数 $f_1(x,y)$，BC 算法可以得到较为满意的结果，而对于较为复杂的单模态函数 $f_2(x,y)$ 和 $f_3(x,y)$ 以及多模态函数 $f_4(x,y) \sim f_6(x,y)$，BC 算法很难获得满意的结果。

表 3-5 500 代内 4 种算法所得最优最劣及平均优化结果

函 数		平 均 解	最 优 解	最 劣 解
$f_1(x,y)$	DPBCC	3.3929×10^{-118}	0	1.0146×10^{-116}
	BC	6.6231×10^{-6}	5.5065×10^{-6}	4.0461×10^{-5}
	PSO	4.6252×10^{-80}	9.8243×10^{-85}	5.8662×10^{-79}
	WPSO	2.3393×10^{-68}	3.3005×10^{-71}	6.6223×10^{-68}
$f_2(x,y)$	DPBCC	1.4302×10^{-303}	0	4.2905×10^{-302}
	BC	4.4129×10^{139}	1.4828×10^{-5}	1.3238×10^{141}
	PSO	9.7101×10^{-158}	1.2727×10^{-174}	5.3729×10^{-156}
	WPSO	4.8699×10^{-140}	1.6317×10^{-144}	1.4131×10^{-139}

函　　数		平　均　解	最　优　解	最　劣　解
$f_3(x,y)$	DPBCC	7.4332×10^{-68}	8.7574×10^{-195}	2.2299×10^{-66}
	BC	2.892035	0.025812	7.014615
	PSO	2.1088×10^{-40}	3.6214×10^{-43}	2.6479×10^{-39}
	WPSO	2.4079×10^{-35}	4.4277×10^{-38}	1.7001×10^{-34}
$f_4(x,y)$	DPBCC	1.4822×10^{-16}	0	4.4464×10^{-15}
	BC	2.4904×10^{2}	16.8273	5.4752×10^{2}
	PSO	0.089697	0	0.994959
	WPSO	0.033165	0	0.994959
$f_5(x,y)$	DPBCC	3.5268×10^{-36}	0	4.6593×10^{-35}
	BC	2.895612	0.749235	4.227056
	PSO	1.8170×10^{-20}	5.6064×10^{-22}	1.5283×10^{-19}
	WPSO	5.2462×10^{-18}	7.1767×10^{-19}	2.3190×10^{-17}
$f_6(x,y)$	DPBCC	0.001295	0	0.009716
	BC	0.056243	0.009716	0.127085
	PSO	0.006106	0	0.009716
	WPSO	0.003506	0	0.009716

　　表 3-6 所示为对 6 个函数进行优化时,不同算法的成功率和平均进化代数。对于所有测试函数阈值取为 10^{-5},当进化代数达到 2000 次而仍未达到阈值精度时认为算法陷入局部极值而未成功,不同算法针对不同测试函数的独立实验次数为 30。对于单模态函数 $f_1(x,y)$、$f_2(x,y)$ 和 $f_3(x,y)$,DPBCC 算法、PSO 算法和 WPSO 算法均能达到 100% 的成功率。但 PSO 算法和 WPSO 算法的进化代数要明显超过 DPBCC 算法。对于 $f_4(x,y)$ 和 $f_5(x,y)$ 在整个取值区间内有无数局部值反复剧烈振荡的较难优化的函数,DPBCC 算法均能达到 100% 的成功率。尽管 PSO 算法和 WPSO 算法对于函数 $f_5(x,y)$ 也取得了 100% 的成功率,但是算法达到成功的进化代数均明显增多。因此,比较 3 种算法的进化代数,DPBCC 算法仍然具有优势。$f_6(x,y)$ 函数的全局极小点被无穷多个局部极小点围绕,具有强烈的振荡特性。这使得对其进行优化的难度非

常大。在对 $f_6(x,y)$ 函数的优化过程中,所有算法均未达到 100% 的成功率,但是 DPBCC 算法的成功率达到了 90%,明显优于其他 3 种算法。而对于 BC 算法,由于其对于函数极值点的搜索仅能依靠单个细菌进行。因此,对于简单的单模态函数 $f_1(x,y)$,BC 算法能够得到较为满意的结果。而对于单模态函数 $f_2(x,y)$、$f_3(x,y)$ 和多模态函数 $f_4(x,y)\sim f_6(x,y)$,BC 算法很难搜索到函数的全局极值。因此从总体看,DPBCC 算法在全局收敛性、进化代数和寻优结果的质量上均优于其他 3 种算法。

表 3-6 不同算法优化结果的平均进化代数和成功率

函数	DPBCC		BC		PSO		WPSO	
	进化代数	成功率	进化代数	成功率	进化代数	成功率	进化代数	成功率
$f_1(x,y)$	7.03	100%	281.1	100%	25.15	100%	82.78	100%
$f_2(x,y)$	4.17	100%	1239.4	6.67%	11.92	100%	31.30	100%
$f_3(x,y)$	12.83	100%	—	—	52.13	100%	189.73	100%
$f_4(x,y)$	25.53	100%			51.96	88.1%	171.97	98%
$f_5(x,y)$	32.07	100%	—	—	120.19	100%	395.37	100%
$f_6(x,y)$	53.18	90%	—	—	77.08	48.2%	261.05	63.3%

3.5.2 基于 DPBCC 算法的有序盲信号分离算法

盲信号分离的关键是目标函数的确定和优化算法的使用。采用信号规范四阶累积量的绝对值作为目标函数,使用 DPBCC 算法对目标函数进行优化,能够得到一种性能优良的盲信号分离算法。

1. 目标函数的选取

在进行盲信号分离时,逐次盲分离方法是通过每次分离出一路信号 $y_i(t)$,使其为某一源信号的估计,进而通过多次分离最终得到全部源信号的估计。

$$y_i(t)=\lambda_k s_k(t) \tag{3-44}$$

式中,$i=1,2,\cdots,N$;$k=1,2,\cdots,N$。其含义为,希望第 i 次分离出来的信号 $y_i(t)$ 为第 k 路源信号 $s_k(t)$ 的估计。因此需要通过算法确定分离向量 w_i,从而使

$$y_i(t)=w_i x(t) \tag{3-45}$$

式中,w_i 为第 i 次分离行向量。

盲信号分离的目标函数可定义为

$$J(\boldsymbol{w}_i) = | \bar{k}_4(y_i) |, \quad \text{s.t.} \ \| \boldsymbol{w}_i \| = 1 \qquad (3\text{-}46)$$

根据式(3-33),盲信号分离的目标函数转化为

$$J(\boldsymbol{\theta}_i) = | \bar{k}_4(y_i) |, \quad \text{s.t.} \ 0 \leqslant \theta_{i,1}, \theta_{i,2}, \cdots, \theta_{i,N-1} \leqslant 2\pi \qquad (3\text{-}47)$$

式中,$\boldsymbol{\theta}_i = [\theta_{i,1}, \theta_{i,2}, \cdots, \theta_{i,N-1}]$。

2. 细菌参数编码与消源计算

细菌参数编码与分离问题中的信号数目有关,对于混合信号数目等于源信号数目的一般情况,当混合信号数目 $N=3$ 时,待求变量即为分离行向量 $\boldsymbol{w}_i = [w_{i,1}, w_{i,2}, w_{i,3}]$ 中的 3 个元素。根据式(3-33)可得 $w_{i,1} = \cos\theta_{i,2}\cos\theta_{i,1}$,$w_{i,2} = \cos\theta_{i,2}\sin\theta_{i,1}$,$w_{i,3} = \sin\theta_{i,2}$,则对应的细菌参数编码为 $[\theta_{i,1}, \theta_{i,2}]$。

在确定了细菌参数编码之后,就可以采用 DPBCC 算法对目标函数进行优化,从而得到最大化目标函数的 $\boldsymbol{w}_i$,并计算得到分离信号 $y_i(t)$。在每分离出一路源信号后,需要通过消源处理将其成分从原混合信号中去除,然后再进行下一次分离。

令 $y_p(t)$ 为采用本文方法第 p 次分离出来的一路源信号,令 $x_i^{p-1}(t)$ 为第 p 次消源前的混合信号中的第 i 路信号,通过消源可得

$$
\begin{aligned}
x_i^p(t) &= x_i^{p-1}(t) - a_{ik}s_k(t) \\
&= x_i^{p-1}(t) - \frac{\text{cov}[x_i^{p-1}(t), y_p(t)]}{\text{cov}[y_p(t), y_p(t)]} y_p(t)
\end{aligned}
\qquad (3\text{-}48)
$$

式中,$i=1,2,\cdots,N$;$p=1,2,\cdots,N-1$;$x_i^p(t)$ 为第 p 次消源后得到的第 i 路信号。通过对新的混合信号 $\boldsymbol{x}^p(t) = [x_1^p(t), x_2^p(t), \cdots, x_N^p(t)]^{\mathrm{T}}$ 重复基于 DPBCC 算法的分离过程和消源计算即可得到所有源信号。在实际算法操作中,由于每次消源之后,混合信号中的源信号成分会减少一路,所以只需在第 p 次消源后得到的混合信号中选取 $N-p$ 路信号进行第 $p+1$ 次分离计算即可。

由于 DPBCC 算法具有良好的全局搜索能力,因而每次分离出的信号均为此时混合信号中存在的规范四阶累积量绝对值最大的信号。所以,通过多次分离和消源过程最终可以将所有源信号按照其规范四阶累积量绝对值的降序逐一分离出来。

基于 DPBCC 算法的盲信号分离算法的具体步骤如下。

(1) 对混合信号 $\boldsymbol{x}(t)$ 进行去均值和白化操作。

(2) 根据混合信号中源信号的数量确定细菌维数和细菌编码。

(3) 在约束范围内随机产生一定数量的细菌,初始化细菌的位置,初始化参数 υ 和 ε。

（4）对处在移动步数 l 的细菌 m，根据 BC 算法确定新位置 $\boldsymbol{x}'_{m,l+1}$；根据中心点吸引策略确定新位置 $\boldsymbol{x}''_{m,l+1}$。

（5）从细菌 m 第 l 步时的位置 $\boldsymbol{x}_{m,l}$ 以及 $\boldsymbol{x}'_{m,l+1}$ 和 $\boldsymbol{x}''_{m,l+1}$ 中选择目标函数值最优的点作为其第 $l+1$ 步的新位置。

（6）如果选择了 $\boldsymbol{x}'_{m,l+1}$ 或 $\boldsymbol{x}''_{m,l+1}$ 作为细菌 m 第 $l+1$ 步的位置，进入步骤（8）。

（7）如果选择了 $\boldsymbol{x}_{m,l}$ 作为细菌 m 第 $l+1$ 步的位置，则对 $\boldsymbol{x}_{m,l}$ 进行随机扰动；若扰动得到的位置优于 $\boldsymbol{x}_{m,l}$，则选择扰动得到的位置作为细菌 m 第 $l+1$ 步的位置；否则仍然保留 $\boldsymbol{x}_{m,l}$ 作为第 $l+1$ 步的位置。

（8）重复步骤（4）～（7），依次更新所有细菌位置。如果已经达到最大进化代数，进入步骤（9）。否则返回步骤（4），进行下一代进化的位置更新。

（9）选择所有细菌中的最优细菌位置，根据式（3-33）得到分离向量 $\boldsymbol{w}_i$，进而根据式（3-45）得到分离信号。

（10）根据式（3-48）对混合信号进行消源计算，得到新的混合信号 $x^p(t)$。

（11）如果已经恢复出所有源信号，则停止计算；否则，返回步骤（2）。

3.5.3 实验分析

为了验证基于 DPBCC 算法的有序盲信号分离算法的有效性，分别对源信号为亚高斯信号、超高斯信号及亚高斯和超高斯混合信号的盲分离进行了仿真实验。亚高斯信号采用方波和正、余弦信号，超高斯信号采用语音信号。采用随机产生的混合矩阵 $\boldsymbol{A}$ 对各类源信号进行混合。细菌群算法的各项参数设置为：菌群规模为30，细菌移动速度 $v=1$，搜索精度 $\varepsilon=10^{-10}$。

$$\boldsymbol{A}=\begin{bmatrix} 0.8325008 & 0.3377992 & 0.6217696 \\ 0.3528458 & 0.1492969 & 0.7798104 \\ 0.4322889 & 0.2279150 & 0.2327737 \end{bmatrix}$$

1. 亚高斯信号盲分离实验

采用混合矩阵 $\boldsymbol{A}$ 对方波、正弦波及余弦波三个亚高斯信号进行混合，然后利用基于 DPBCC 算法的有序盲信号分离算法对混合信号进行盲分离，源信号、混合信号和分离信号分别如图 3-13 所示。

图 3-14 和图 3-15 为前两次分离过程中的细菌群进化曲线（取 30 次仿真的平均值）。由于在第二次信号分离计算之后，消源处理后剩下的两路信号中只含有最后一路未被分离出的源信号成分。因此，只需从其中任选一路信号作为第三路源信号的估计即可。

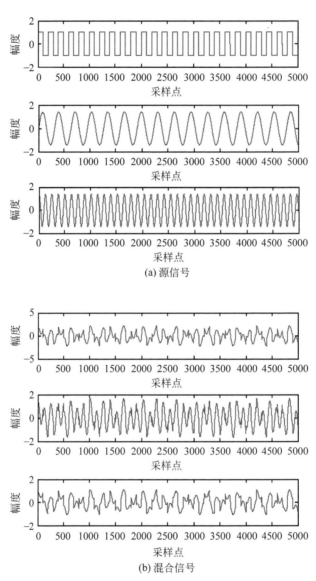

(a) 源信号

(b) 混合信号

图 3-13　亚高斯信号仿真结果

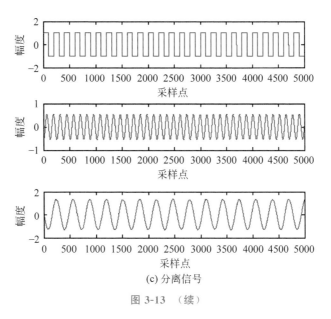

(c) 分离信号

图 3-13　（续）

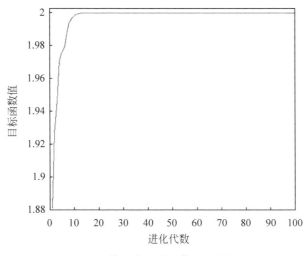

图 3-14　第一次分离细菌群进化曲线

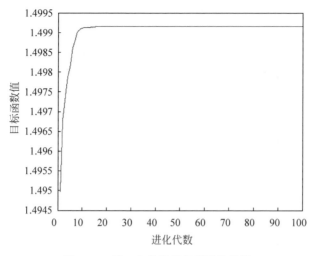

图 3-15　第二次分离细菌群进化曲线

2. 超高斯信号盲分离实验

采用混合矩阵 **A** 对 3 个语音信号（超高斯信号）进行混合，然后利用基于 DPBCC 算法的有序盲信号分离算法对混合信号进行盲分离，源信号、混合信号和分离信号分别如图 3-16 所示。

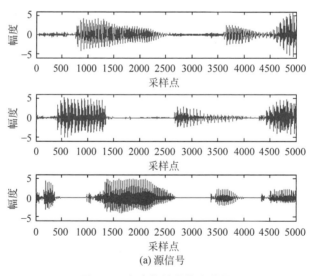

(a) 源信号

图 3-16　超高斯信号仿真结果

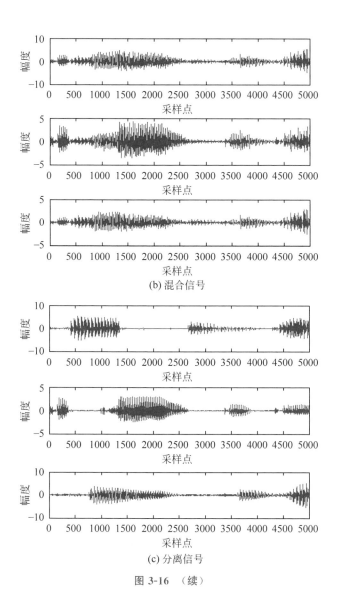

(b) 混合信号

(c) 分离信号

图 3-16 （续）

3. 混合类型信号盲分离实验

采用混合矩阵 **A** 对一个语音信号（超高斯信号）、一个正弦波信号（亚高斯信号）和一个余弦波信号（亚高斯信号）进行混合，然后利用基于 DPBCC 算法的有序盲信号分离算法对混合信号进行盲分离，源信号、混合信号和分离信号分别如图 3-17 所示。

4. 分离性能分析

为了客观评价算法的分离性能,采用式(3-28)定义的相关系数的绝对值来定量度量源信号与分离信号的相似程度。表 3-7 所示为采用本文算法对上述不同混合信号进行盲分离的结果比较,表中数据为 30 次仿真实验的统计平均值。

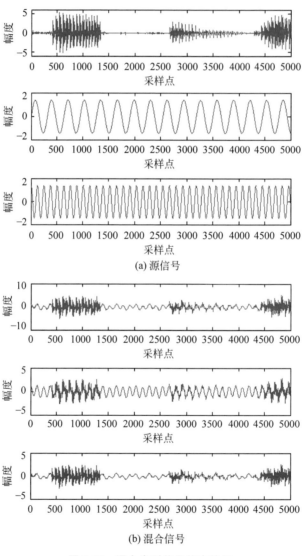

(a) 源信号

(b) 混合信号

图 3-17　混合类型信号仿真结果

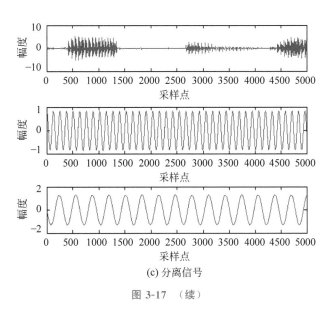

(c) 分离信号

图 3-17 （续）

表 3-7 分离结果与性能分析

源信号类型		源信号规范 四阶累积量	分离信号规范 四阶累积量	分离信号与源信号 相关系数绝对值
亚高斯 信号	1	−1.999983	−1.999983	0.999999
	2	−1.497299	−1.499157	0.999982
	3	−1.499324	−1.497245	0.999703
超高斯 信号	1	3.900028	5.581607	0.999991
	2	5.581322	5.073704	0.999931
	3	5.071986	3.890754	0.998602
混合类 型信号	1	5.581322	5.581847	0.999974
	2	−1.497299	−1.499094	0.999971
	3	−1.499324	−1.497081	0.999904

通过观察图 3-13～图 3-17 并结合表 3-7 中的统计数据可以发现,对于各种不同类型信号混合的盲分离问题,本算法均能很好恢复出源信号,并能够保证分离顺序按照源信号规范四阶累积量绝对值下降的顺序进行。同时,分离信号与源信号的相关系数的绝对值均超过或接近 0.999,具有很高的分离精度。另外,通过观察图 3-14 和图 3-15 的细菌群进化曲线可以发现,算法收敛速度很快,在进化 20 代左右就已经收敛。

3.5.4　在工频干扰消除中的应用

基于细菌群优化算法的有序盲信号分离算法是一种性能优良的盲信号分离算法,因此也可将其应用于解决微弱信号采集过程中的工频干扰消除问题。

在进行工频干扰消除的过程中,可以根据式(3-42)人工构造等效观测信号,利用基于 DPBCC 算法的有序盲信号分离算法针对采集信号 $x(t)$、等效观测信号 $r_1(t)$ 和 $r_2(t)$ 三路信号进行盲分离,即可恢复出不含工频干扰的有用信号。

基于细菌群优化算法的有序盲分离算法的工频干扰消除方法的具体步骤如下。

(1) 根据式(3-42)人工构造另外两路观测信号 $r_1(t)$ 和 $r_2(t)$。

(2) 对 3 路观测信号 $x(t)$、$r_1(t)$ 和 $r_2(t)$ 进行去均值和白化操作。

(3) 根据混合信号中源信号的数量确定细菌维数和细菌编码。

(4) 在约束范围内随机产生一定数量的细菌,初始化细菌的位置,初始化参数 v 和 ε。

(5) 对处在移动步数 l 的细菌 m,根据 BC 算法确定新位置 $x'_{m,l+1}$;根据中心点吸引策略确定新位置 $x''_{m,l+1}$。

(6) 从细菌 m 第 l 步时的位置 $x_{m,l}$ 以及 $x'_{m,l+1}$ 和 $x''_{m,l+1}$ 中选择目标函数值最优的点作为其第 $l+1$ 步的新位置。

(7) 如果选择了 $x'_{m,l+1}$ 或 $x''_{m,l+1}$ 作为细菌 m 第 $l+1$ 步的位置,进入步骤(9)。

(8) 如果选择了 $x_{m,l}$ 作为细菌 m 第 $l+1$ 步的位置,则对 $x_{m,l}$ 进行随机扰动;若扰动得到的位置优于 $x_{m,l}$,则选择扰动得到的位置作为细菌 m 第 $l+1$ 步的位置;否则仍然保留 $x_{m,l}$ 作为第 $l+1$ 步的位置。

(9) 重复步骤(5)~(8),依次更新所有细菌位置。如果已经达到最大进化代数,进入步骤(10)。否则返回步骤(5),进行下一代进化的位置更新。

(10) 选择所有细菌中的最优细菌位置,根据式(3-33)得到分离向量 w_i,进而根据式(3-45)得到分离信号。

(11) 根据式(3-48)对混合信号进行消源计算,得到新的混合信号 $x^p(t)$。

(12) 如果已经分离出不含工频干扰的有用信号,则停止计算;否则,返回步骤(3)。

3.6 基于细菌觅食优化的盲信号分离算法

细菌觅食优化(Bacterial Foraging Optimization,BFO)算法是根据大肠杆菌的觅食机理而提出的性能优良的仿生智能优化算法,可将改进的 BFO 算法用于解决盲信号分离问题。采用信号四阶累积量绝对值的和作为盲信号分离的目标函数,利用 Givens 旋转变换方法降低目标函数中的待求变量数目,进而采用改进的 BFO 算法对目标函数进行优化求解,最终可以实现源信号的成功分离。

采用 BFO 算法进行盲信号分离的关键问题主要有以下 3 个。

(1)盲信号分离的目标函数选取。

(2)根据目标函数中的待优化变量确定菌群位置编码。

(3)采用 BFO 算法对目标函数进行优化求解,从而得到实现盲分离的分离矩阵。

3.6.1 盲信号分离的目标函数

在恢复源信号的两大类盲信号分离算法中,第一类算法通过计算得到原混合矩阵 $\boldsymbol{A}$ 的逆矩阵 $\boldsymbol{W}$,即可将全部源信号一次同时分离出来。即

$$y(t) = \boldsymbol{W} \cdot \boldsymbol{x}(t) \tag{3-49}$$

针对盲信号分离问题的求解,可以通过对信号独立性的分析实现信号的分离。信号的非高斯性可以体现出信号的独立性,而四阶累积量是非高斯性的一种量化指标。因此,可以利用四阶累积量作为盲信号分离的判据。

变量 y_i 的四阶累积量 $k_4(y_i)$ 可以定义为

$$k_4(y_i) = E(y_i^4) - 3[E(y_i^2)]^2 \tag{3-50}$$

则分离的目标函数可以定义为

$$J(\boldsymbol{W}) = \sum_{i=1}^{N} |k_4(y_i)| = \sum_{i=1}^{N} |E(y_i^4) - 3[E(y_i^2)]^2| \tag{3-51}$$

由于采用四阶累积量作为非高斯性量化指标的前提条件是零均值,因此在进行盲分离之前需要去除观测信号的均值,并对其进行白化预处理操作。

在确定采用式(3-51)作为盲信号分离的目标函数进行信号分离后,需要通过某种优化算法找到使 $J(\boldsymbol{W})$ 最大的分离矩阵 $\boldsymbol{W}$。

3.6.2 菌群位置编码与优化分离过程

求解盲信号分离问题的实质是找到分离矩阵 $\boldsymbol{W}$。针对一般情况,当源信号

数量与传感器数量相等时,W 可表示为

$$W = \begin{bmatrix} w_{11} & w_{12} & \cdots & w_{1N} \\ w_{21} & w_{22} & \cdots & w_{2N} \\ \vdots & \vdots & \ddots & \vdots \\ w_{N1} & w_{N2} & \cdots & w_{NN} \end{bmatrix} \tag{3-52}$$

可见,为得到分离矩阵 W 而需要求解的变量个数为 N^2。在采用改进的 BFO 算法求解分离矩阵 W 时,细菌的位置编码为 $[w_{11}, w_{12}, \cdots, w_{1N}, w_{21}, w_{22}, \cdots, w_{2N}, \cdots, w_{N1}, w_{N2}, \cdots, w_{NN}]$,即菌群需要在 N^2 维的变量空间中进行最优位置的搜索。对于优化问题而言,目标函数的维数越高,最优位置的搜索难度也就越大。因而通过降低所要求解的优化问题对应的目标函数维数,可以有效降低算法的搜索难度,从而更好更快地搜索到问题的最优解。因此,这里采用根据 QR 分解理论将对 W 的求解转化成对 Givens 矩阵求解的方法,从而减少优化过程中需要求解变量的数量,降低细菌位置编码的维数和优化难度。

白化后的观测信号 $\widetilde{x}(t)$ 可表示为

$$\widetilde{x}(t) = M \cdot x(t) = M \cdot A \cdot s(t) = U \cdot s(t) \tag{3-53}$$

对矩阵 U 进行 QR 分解,得到

$$\widetilde{x}(t) = Q \cdot R \cdot s(t) \tag{3-54}$$

则混合模型可转化为

$$\begin{bmatrix} \widetilde{x}_1(t) \\ \widetilde{x}_2(t) \\ \vdots \\ \widetilde{x}_N(t) \end{bmatrix} = Q \begin{bmatrix} k_{11} & & & \\ & k_{22} & & \\ & & \ddots & \\ & & & k_{NN} \end{bmatrix} \begin{bmatrix} s_1(t) \\ s_2(t) \\ \vdots \\ s_N(t) \end{bmatrix} \tag{3-55}$$

式中,$k_{ii} = \pm 1$。令 $Q = T^{-1}$,上式可改写为

$$T \begin{bmatrix} \widetilde{x}_1(t) \\ \widetilde{x}_2(t) \\ \vdots \\ \widetilde{x}_N(t) \end{bmatrix} = \begin{bmatrix} k_{11} & & & \\ & k_{22} & & \\ & & \ddots & \\ & & & k_{NN} \end{bmatrix} \begin{bmatrix} s_1(t) \\ s_2(t) \\ \vdots \\ s_N(t) \end{bmatrix} = \begin{bmatrix} k_{11}s_1(t) \\ k_{22}s_2(t) \\ \vdots \\ k_{NN}s_N(t) \end{bmatrix} = \begin{bmatrix} \hat{s}_1(t) \\ \hat{s}_2(t) \\ \vdots \\ \hat{s}_N(t) \end{bmatrix}$$

$$\tag{3-56}$$

通过求解矩阵 T 即可得到源信号的估计 $\hat{s}(t)$。

$$T = T_{N-1} \cdot T_{N-2} \cdots T_2 \cdot T_1 \tag{3-57}$$

式中,$T_1 = T_{1,N} \cdot T_{1,N-1} \cdots T_{1,2}$,$T_2 = T_{2,N} \cdot T_{2,N-1} \cdots T_{2,3}$,$\cdots$,$T_{N-1} = T_{N-1,N}$。

根据 Givens 矩阵的定义

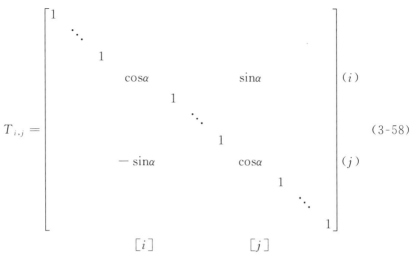

$$T_{i,j} = \begin{bmatrix} 1 & & & & & & & & \\ & \ddots & & & & & & & \\ & & 1 & & & & & & \\ & & & \cos\alpha & & & \sin\alpha & & \\ & & & & 1 & & & & \\ & & & & & \ddots & & & \\ & & & & & & 1 & & \\ & & & -\sin\alpha & & & \cos\alpha & & \\ & & & & & & & 1 & \\ & & & & & & & & \ddots \\ & & & & & & & & & 1 \end{bmatrix} \begin{matrix} \\ \\ \\ (i) \\ \\ \\ \\ (j) \\ \\ \\ \\ \end{matrix} \tag{3-58}$$

$$[i] \qquad\qquad [j]$$

旋转矩阵 $\boldsymbol{T}$ 为 C_N^2 个 Givens 矩阵的乘积,每个 Givens 矩阵只有 1 个旋转角度 α 待求。因此,旋转矩阵 $\boldsymbol{T}$ 中共有 C_N^2 个旋转角度待求。相对于直接求解分离矩阵 $\boldsymbol{W}$,需要求解的未知变量的数目可以减少 $N^2 - C_N^2$ 个。

以 $N=3$ 时的盲信号分离为例,分离矩阵 $\boldsymbol{W}$ 为 3×3 矩阵,其对应的细菌位置编码为 $[w_{11}, w_{12}, w_{13}, w_{21}, w_{22}, w_{23}, w_{31}, w_{32}, w_{33}]$,菌群优化搜索空间为 9 维。采用 Givens 旋转变换的方法,分离矩阵 $\boldsymbol{T} = \boldsymbol{T}_{2,3} \cdot \boldsymbol{T}_{1,3} \cdot \boldsymbol{T}_{1,2}$,其中

$$\boldsymbol{T}_{2,3} = \begin{bmatrix} 1 & 0 & 0 \\ 0 & \cos\alpha_1 & \sin\alpha_1 \\ 0 & -\sin\alpha_1 & \cos\alpha_1 \end{bmatrix} \tag{3-59}$$

$$\boldsymbol{T}_{1,3} = \begin{bmatrix} \cos\alpha_2 & 0 & \sin\alpha_2 \\ 0 & 1 & 0 \\ -\sin\alpha_2 & 0 & \cos\alpha_2 \end{bmatrix} \tag{3-60}$$

$$\boldsymbol{T}_{1,2} = \begin{bmatrix} \cos\alpha_3 & \sin\alpha_3 & 0 \\ -\sin\alpha_3 & \cos\alpha_3 & 0 \\ 0 & 0 & 1 \end{bmatrix} \tag{3-61}$$

得到

$$\boldsymbol{T} = \begin{bmatrix} 1 & 0 & 0 \\ 0 & \cos\alpha_1 & \sin\alpha_1 \\ 0 & -\sin\alpha_1 & \cos\alpha_1 \end{bmatrix} \cdot \begin{bmatrix} \cos\alpha_2 & 0 & \sin\alpha_2 \\ 0 & 1 & 0 \\ -\sin\alpha_2 & 0 & \cos\alpha_2 \end{bmatrix} \cdot \begin{bmatrix} \cos\alpha_3 & \sin\alpha_3 & 0 \\ -\sin\alpha_3 & \cos\alpha_3 & 0 \\ 0 & 0 & 1 \end{bmatrix}$$
$$\tag{3-62}$$

可见，通过 Givens 旋转变换方法可以将菌群优化搜索空间由九维降为三维，细菌位置编码变为$[\alpha_1, \alpha_2, \alpha_3]$。并且由于通过变换将待求变量转化成了三角函数的角度值。因此，可将算法中对变量的搜索范围缩小至$(0, 2\pi)$。在确定了菌群位置编码之后，采用改进的 BFO 算法对目标函数进行优化求解。

3.6.3 基于改进 BFO 的分离算法

在基本 BFO 算法的趋化操作中使用变步长策略和模拟试探策略，通过两种策略的引入可以实现对盲信号分离问题的有效求解。

1. 变步长策略

为了兼顾菌群优化过程的全局搜索能力和搜索精度，将趋化步长设置为动态调整

$$C(k,l) = \frac{L_{red}}{n^{k+l-1}} \tag{3-63}$$

式中，$C(k,l)$ 是第 k 次繁殖，第 l 次消散的趋化步长。L_{red} 是趋化步长的初值，n 是控制步长下降速度的参数。

在菌群优化过程的初期，由于趋化步长 $C(k,l)$ 的值较大，所以细菌可以在变量空间中进行大范围搜索；而在菌群进化的后期，随着 $C(k,l)$ 值的逐渐降低，菌群可以对变量空间进行更加细致的搜索，从而达到更高的搜索精度。

2. 模拟试探策略

通过对基本 BFO 算法中细菌运动搜索过程的分析可知，每个细菌在每次趋化行为中必先进行翻转动作。在此翻转动作中，该细菌会根据一个随机产生的方向向量移动到一个新位置，而该位置未必会优于该细菌的当前位置。因此，可以采用模拟试探策略，增加对新位置目标函数值的判断机制来决定细菌是否发生此次移动，来防止细菌放弃当前的较优位置。即在翻转动作中利用随机产生的方向向量对新位置进行多次试探，如果试探找到的新位置优于当前位置，则细菌移动到此新位置。但如果达到规定的试探次数而仍未找到更优的新位置，则设定保持细菌当前位置不变。

在翻转动作中，如果细菌通过多次试探找到的新位置优于其当前位置，则该细菌会移动到新位置。根据基本 BFO 算法，该细菌会在此次趋化行为中继续沿该方向执行前进动作而移动到一个新位置。而该新位置同样会存在目标函数值劣于细菌上一位置的情况，从而导致细菌所处较优位置的丧失。因此，

在细菌的前进动作中也使用试探策略,即判断根据前进动作找到的新位置是否优于细菌当前位置,如果优于当前位置则细菌移动到新位置,否则仍然保持当前位置不变,进而等待执行下一次趋化行为。

该策略可防止在细菌群体进化的过程中由于细菌在每次趋化过程中的无效移动而导致的较优位置的放弃,从而提高菌群觅食优化算法搜索结果的稳定性。

3. 分离算法描述

在采用改进的 BFO 算法进行盲信号分离时,菌群对目标函数的优化过程由 3 层循环操作构成,最外层为消散行为循环,次外层为复制行为循环,最内层为趋化行为循环。基于改进 BFO 算法的盲信号分离算法的具体步骤如下。

(1) 对混合信号 $x(t)$ 进行去均值和白化操作。

(2) 根据 Givens 旋转变换原理确定细菌维数和细菌位置编码。

(3) 在约束条件下初始化菌群,设定菌群优化过程中的消散次数 N_{ed}、繁殖次数 N_{re}、趋化步数 N_c 等参数,设定 3 层循环的计数器初值为 0。

(4) 执行趋化行为,如果已经达到最内层循环的趋化步数 N_c,转到步骤(5);否则继续执行步骤(4),趋化步数计数器累加。

(5) 如果已经达到次外层循环的繁殖次数 N_{re},转到步骤(6);否则,执行繁殖行为,繁殖次数计数器累加,趋化步数计数器清零,转到步骤(4)执行。

(6) 如果已经达到消散次数 N_{ed},转到步骤(7);否则进行消散操作,消散次数计数器累加,趋化步数计数器和繁殖次数计数器同时清零,然后转到步骤(4)执行。

(7) 利用由菌群优化得到的最优细菌位置,通过式(3-57)得到矩阵 T;根据式(3-56)得到源信号的估计。

3.6.4 实验分析

为了验证本算法的有效性,分别对源信号为超高斯信号、亚高斯信号以及超高斯和亚高斯混合信号的盲分离进行了仿真实验。超高斯信号采用语音信号,亚高斯信号采用方波和正、余弦波等数学函数。对各类源信号采用随机产生的同一混合矩阵 A 进行混合。

$$A = \begin{bmatrix} 0.6500069 & 0.0525514 & 0.6277587 \\ 0.4240006 & 0.4095178 & 0.1720583 \\ 0.0437448 & 0.3347499 & 0.7183708 \end{bmatrix}$$

改进 BFO 算法的各项参数设置如下：菌群规模为 30，细菌位置维数 $D=3$，趋化步数 $N_c=50$，沿同一方向的最大前进步数 $N_s=4$，繁殖次数 $N_{re}=2$，消散次数 $N_{ed}=2$，消散操作选取概率 $p_{ed}=0.25$，趋化步长初值 $L_{red}=0.05$，步长控制参数 $n=5$。算法独立运行 30 次。

1. 超高斯信号盲分离实验

选取 3 个超高斯信号(语音信号)作为源信号，如图 3-18(a)所示。在混合矩阵 **A** 的作用下将源信号进行混合，得到混合信号如图 3-18(b)所示。利用基于改进 BFO 算法的盲信号分离算法对混合信号进行盲分离，分离结果如图 3-18(c)所示。

2. 亚高斯信号盲分离实验

分别选取方波、正弦波及余弦波的亚高斯信号作为源信号，如图 3-19(a)所示。在混合矩阵 **A** 的作用下将源信号进行混合，得到混合信号如图 3-19(b)所示。利用基于改进 BFO 算法的盲信号分离算法对混合信号进行盲分离，分离结果如图 3-19(c)所示。

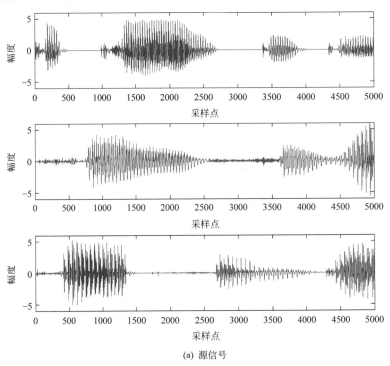

(a) 源信号

图 3-18 超高斯信号仿真结果

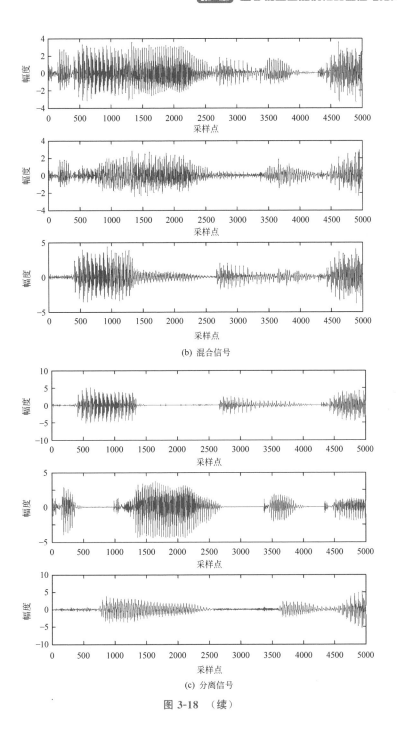

(b) 混合信号

(c) 分离信号

图 3-18 （续）

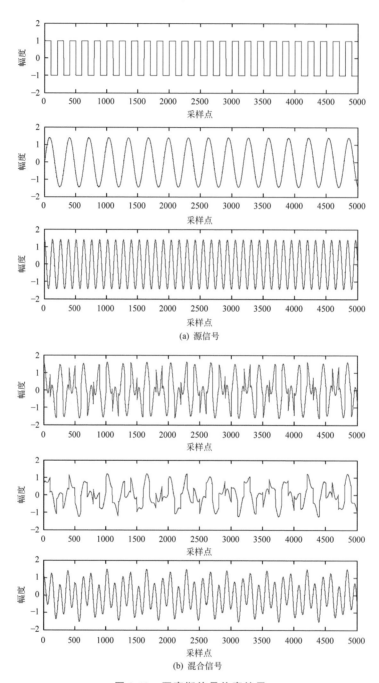

(a) 源信号

(b) 混合信号

图 3-19 亚高斯信号仿真结果

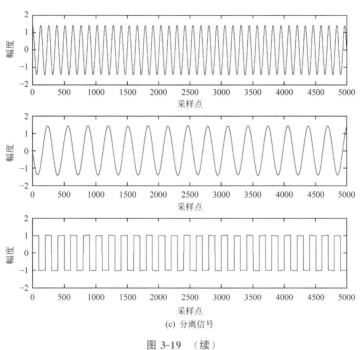

(c) 分离信号

图 3-19 （续）

3. 混合类型信号盲分离实验

选取两个超高斯信号（语音信号）和一个亚高斯信号（正弦波）作为源信号，如图 3-20(a)所示。源信号在混合矩阵 **A** 的作用下进行混合，得到混合信号如图 3-20(b)所示。利用基于改进 BFO 算法的盲信号分离算法对混合信号进行盲分离，分离结果如图 3-20(c)所示。

4. 分离性能分析

为了客观评价算法的分离性能，采用式(3-28)定义的相关系数的绝对值来定量度量源信号与分离信号的相似程度。

表 3-8 给出了采用基于改进 BFO 算法的盲信号分离算法对上述不同混合信号进行分离的结果比较。可以看出，本算法能够较好地分离出源信号，分离出的信号与源信号的相关系数的绝对值均达到 0.999 以上。

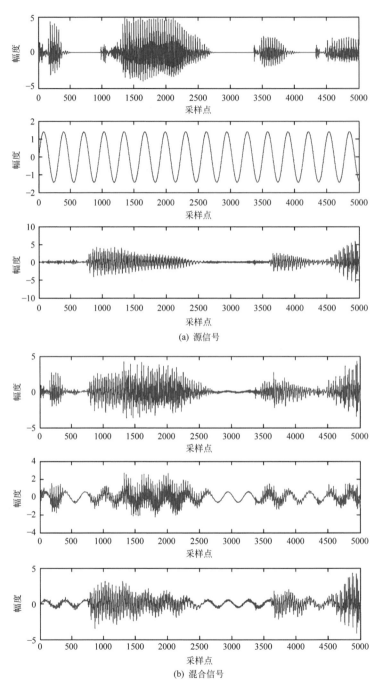

(a) 源信号

(b) 混合信号

图 3-20　混合信号仿真结果

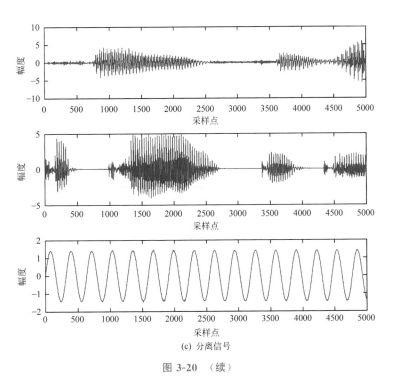

(c) 分离信号

图 3-20 （续）

表 3-8 分离结果与性能分析

源信号类型		源信号规范 四阶累积量	分离信号规范 四阶累积量	分离信号与源信号 相关系数绝对值
超高斯 信号	1	5.071986	5.073661	0.999913
	2	3.900028	3.896674	0.999360
	3	5.581322	5.579302	0.999814
亚高斯 信号	1	−1.999983	−1.999611	0.999953
	2	−1.497299	−1.496849	0.999899
	3	−1.499324	−1.499205	0.999988
混合 类型 信号	1	5.071986	5.074012	0.999908
	2	−1.497299	−1.496854	0.999928
	3	3.900028	3.901673	0.999927

3.7 基于样条插值与人工蜂群优化的非线性盲信号分离算法

对于线性盲信号分离问题,已有学者提出了基于独立成分分析(independent component analysis,ICA)、主成分分析和时间可预测性等原理的一系列分离方法。然而,工程实际应用中的信号混合往往是非线性的。例如,无线通信领域中的放大器一般含有非线性混合因素,生物医学领域的传感器在记录数据的过程中也会混有非线性特征。因此,非线性盲信号分离是盲信号处理中一个更加贴近实际应用但难度更大的研究课题,具有重要的研究价值。

对于非线性盲信号分离问题的可解性,已有一些学者进行了深入研究。一般认为,非线性混合信号通常情况下是很难进行分离的,但后非线性盲信号分离问题是可解的。因而,目前所研究的非线性盲信号分离问题主要是基于后非线性混合模型。该模型认为多路源信号首先经过线性混合,然后各路混合信号分别受到非线性畸变影响得到观测信号。后非线性混合模型可以较好地诠释实际工程环境、可解性强,具有十分重要的研究意义。

后非线性盲信号分离问题的求解主要包含以下两个关键:非线性函数的拟合和目标函数的优化求解。对于非线性函数的拟合,目前已有算法多采用奇数多项式和神经网络的方法。但奇数多项式易出现过拟合现象,而对神经网络的求解易陷入局部最优解,从而限制了算法的分离性能。对于目标函数的优化求解,传统分离算法主要采用梯度类优化方法,当算法的初始值选择不合理时,分离过程往往会收敛于局部极值,导致分离失败。

仿生智能优化算法具有全局收敛性好、求解精度高等优点,可以较好地解决梯度优化易陷入局部收敛的问题,已被广泛应用于通信、生物医学、自动控制等多学科领域。近些年,也有学者开始尝试利用仿生智能优化算法解决盲信号分离问题,这些基于仿生智能优化的分离算法的性能优于传统基于梯度优化的分离算法,但是它们主要解决的还是线性分离问题。

针对上述问题,提出一种基于插值法拟合与改进人工蜂群优化的后非线性盲信号分离算法[①]。该算法利用样条插值函数逼近去非线性函数,有效避免了现有拟合方法存在的过拟合现象。进而采用性能优异的改进人工蜂群算法对

---

① 陈雷,甘士忠,张立毅,等.基于样条插值与人工蜂群优化的非线性盲源分离算法[J].通信学报,2017,38(7):36-46.

基于负熵的目标函数进行优化,求解样条插值节点参数,克服了梯度类优化方法求解目标函数过程易陷入局部收敛的局限性。与此同时,算法还通过增加分离信号相关性约束条件的方法,克服在分离过程中存在的异常值现象,以保证算法求解的稳定性。

3.7.1 后非线性混合盲分离模型

后非线性混合模型可以诠释源信号首先经过线性混合,其后各路混合信号受到非线性畸变影响而得到观测信号的物理意义,该模型的数学表达为

$$x_i(t) = f_i \Big[\sum_{j=1}^{N} a_{ij} s_j(t) \Big] \tag{3-64}$$

式中,$s_j(t)$为源信号,$j=1,2,\cdots,N$,N为源信号个数。$x_i(t)$表示$s_j(t)$先经过矩阵$\boldsymbol{A} = (a_{ij})_{N \times N}$的线性混合,再分别经过非线性函数$\boldsymbol{F}(\cdot) = [f_1(\cdot), f_2(\cdot), \cdots, f_i(\cdot), \cdots, f_N(\cdot)]$受到非线性畸变得到的各路混合信号,$i=1,2,\cdots,N$。

从混合信号中提取源信号的过程包括去非线性畸变和线性分离2个阶段。首先,通过求解去非线性函数$\boldsymbol{G}(\cdot) = [g_1(\cdot), g_2(\cdot), \cdots, g_i(\cdot), \cdots, g_N(\cdot)]$消除非线性函数$\boldsymbol{F}(\cdot)$造成的非线性畸变效应。然后,通过求解线性分离矩阵恢复出源信号,该分离过程的数学模型为

$$y_i(t) = \hat{s}_i(t) = \sum_{j=1}^{N} w_{ij} g_i[x_i(t)] \tag{3-65}$$

式中,$g_i(\cdot)$表示非线性函数$f_i(\cdot)$的逆映射函数,$\boldsymbol{W} = (w_{ij})_{N \times N}$为线性分离矩阵。通过该分离过程即可输出源信号的预测信号$\hat{s}_i(t)$,并用$y_i(t)$表示。后非线性盲信号分离问题的混合模型和分离模型如图3-21所示。

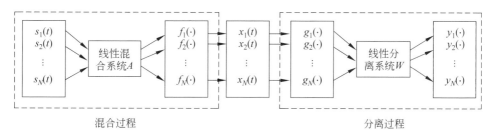

图 3-21 后非线性盲信号分离问题的混合模型和分离模型

3.7.2 改进的人工蜂群算法

人工蜂群(artificial bee colony,ABC)算法是以蜜蜂觅食活动为模型发展建立

起来的一种仿生智能优化算法,最早由土耳其学者 Karaboga 于 2005 年提出。ABC 算法以其原理简单、易于实现等优点,在很多实际工程优化问题中得以广泛应用。同其他已有仿生智能优化算法类似,基本 ABC 算法在求解高维、多模态优化问题时,仍然存在收敛速度不够快、陷入局部收敛等问题。为此,可采用一种改进的人工蜂群(modified artificial bee colony,MABC)[①]算法进行非线性盲信号分离过程的目标函数求解。下面对 MABC 算法的优化求解原理进行简要介绍。

MABC 算法将蜜源位置作为优化问题的可行解,将蜜源质量作为可行解的适应度值,通过模仿蜂群搜索优质蜜源的机制,寻找优化问题的最优解。同基本 ABC 算法相同,MABC 算法将蜂群划分为采蜜蜂、观察蜂和侦查蜂共 3 种。采蜜蜂基于所记忆的蜜源信息搜索周边新蜜源,并将得到的信息传递给观察蜂;观察蜂根据采蜜蜂传递的蜜源信息跟随采蜜蜂探索新蜜源;在蜜源搜索过程中,部分采蜜蜂会在搜索蜜源无进展的情况下放弃当前蜜源,转而变为侦查蜂去寻找新蜜源。MABC 算法的具体寻优过程如下。

(1) 初始化种群位置。初始化种群过程以混沌系统(chaotic systems)和反向学习(opposition-based learning)这两种方法相结合的方式进行。基于混沌系统的方法是依据式(3-66)和式(3-67)生成蜜源位置 $\boldsymbol{X}_i = \{x_{i,1}, x_{i,2}, \cdots, x_{i,D}\}$,而基于反向学习的方法则根据式(3-68)生成蜜源位置 $\boldsymbol{OX}_i = \{ox_{i,1}, ox_{i,2}, \cdots, ox_{i,D}\}$。进而从两种初始化方法得到的蜜源位置 $\boldsymbol{X}(SN)$ 和 $\boldsymbol{OX}(SN)$ 中选取最佳位置,作为蜜源的初始位置。

$$\mathrm{ch}_{k+1} = \sin(\pi \cdot \mathrm{ch}_k), \mathrm{ch}_k \in (0,1) \tag{3-66}$$

$$x_{i,j} = x_{\min,j} + \mathrm{ch}_{k,j}(x_{\max,j} - x_{\min,j}) \tag{3-67}$$

$$\mathrm{ox}_{i,j} = x_{\min,j} + x_{\max,j} - x_{i,j} \tag{3-68}$$

式中,$k = 1, 2, \cdots, K$,K 为混沌系统的最大迭代次数。$i = 1, 2, \cdots, SN$,$j = 1, 2, \cdots, D$。SN 表示蜂群规模,D 表示蜂群个体维数,$x_{\max,j}$ 和 $x_{\min,j}$ 表示蜜源位置上下边界。

(2) 按照差分进化(differential evolution)的思想,随机选取 2 个蜜源位置 $\boldsymbol{X}_{r1}$ 和 $\boldsymbol{X}_{r2}$,根据式(3-69)生成新蜜源位置 $\boldsymbol{V}_i = \{v_{i,1}, v_{i,2}, \cdots, v_{i,D}\}$,如果新蜜源优于当前蜜源,则替换蜜源位置,令 $\boldsymbol{X}_i = \boldsymbol{V}_i$;否则,保持当前蜜源位置不变。

$$v_{i,j} = x_{\mathrm{best},j} + \phi_{i,j}(x_{r1,j} - x_{r2,j}) \tag{3-69}$$

式中,$\phi_{i,j}$ 为 $[-1,1]$ 内的随机数,$x_{\mathrm{best},j}$ 为当前最优蜜源位置。

(3) 在优质蜜源的搜索过程中,采蜜蜂完成蜜源搜索后,将蜜源信息传递给

---

① KARABOGA D. An idea based on honey bee swarm for numerical optimization[R]. Technical Report-TR06, Erciyes University, 2005.

观察蜂。观察蜂根据蜜源信息,按照式(3-70)依概率选择优质蜜源,并在该蜜源附近进行新蜜源的搜索。

$$p_i = \frac{\text{fitness}_i}{\sum\limits_{j=1}^{\text{SN}} \text{fitness}_j} \tag{3-70}$$

式中,fitness_i 为第 i 个采蜜蜂所在蜜源的适应度值。

(4) 如果采蜜蜂在蜜源周围进行了限定次数的搜索后,仍然不能找到更优的新蜜源,则该蜜源处的采蜜蜂将变为侦查蜂,根据式(3-71)寻找新蜜源,如果新蜜源质量更优,则替换该处蜜源。

$$v_{i,j} = x_{i,j} + \phi_{i,j}(x_{i,j} - x_{k,j}) \tag{3-71}$$

式中,$k \in \{1,2,\cdots,\text{SN}\}, k \neq i$。

(5) 重复执行步骤 2～步骤 4,直到种群进化到最大迭代次数,并输出最优解。

MABC 算法的初始化方法较之基本 ABC 算法使种群的产生更具多样性,为后续的搜索过程打下更好的基础。另外,MABC 算法吸收了差分进化算法的思想,改进了蜂群的蜜源搜索机制,提高了算法的探索能力,使算法的收敛速度和求解精度得以有效提升。因此,选用 MABC 算法作为最优化方法进行算法中去非线性函数的求解,能够更好地实现针对非线性混合信号的分离。

3.7.3　基于样条插值与 MABC 的后非线性分离算法

在后非线性盲信号分离框架下,分离算法本质上是求解去非线性函数 $g_i(\cdot)$ 和分离矩阵 $\boldsymbol{W}$ 的最优化过程。利用样条插值法拟合去非线性函数 $g_i(\cdot)$,采用负熵作为分离的目标函数,使用 MABC 算法优化调节样条插值节点参数,可以实现对信号非线性畸变的有效消除。同时,将 FastICA 算法融合于上述非线性畸变的消除过程,求解出线性分离矩阵,最终正确恢复出源信号。

1. 基于样条插值的非线性函数拟合

非线性函数的拟合是后非线性盲信号分离的关键环节,现有分离算法多采用奇数多项式拟合非线性函数。然而,奇数多项式方法容易产生过拟合问题,从而限制了算法分离性能的进一步提升。为此,采用样条插值的方法对去非线性函数 $g_i(\cdot)$ 进行拟合。采用样条插值法拟合的优点在于能够保证拟合函数的分段平滑性,并能有效逼近高次函数,具有良好的数值稳定性和收敛性。

待拟合的去非线性函数 $g_i(\cdot)$ 如图 3-22 中实线所示。采用样条插值法拟

合函数 $g_i(\cdot)$ 需要得到 $M+1$ 个节点 $Q_k(\alpha_k, \theta_k)$，$k=0,\pm1,\pm2,\cdots,\pm\dfrac{M}{2}$，$\alpha_k$ 由观测信号振幅值确定，相邻节点之间的距离 $\Delta\alpha$ 相等。分别对相邻两个节点构成的第 k 个子区间 $[\alpha_{k-1},\alpha_k]$ 构造一个三阶多项式 $S_k(\alpha)$，函数表达式为

$$S_k(\alpha)=b_{k0}+b_{k1}\alpha+b_{k2}\alpha^2+b_{k3}\alpha^3, \quad \alpha\in[\alpha_{k-1},\alpha_k] \tag{3-72}$$

式中，$b_{kj}(j=0,1,2,3)$ 为多项式 $S_k(\alpha)$ 的待定系数。各区间的拟合多项式 $S_k(\alpha)$ 构成拟合函数 $S(\alpha)$。若 $S(\alpha)$ 满足节点上的函数值 $S(\alpha_k)$ 与节点纵坐标值 θ_k 相等，且在各节点处二阶导数连续，区间端点处二阶导数为 0，即

$$\begin{cases} S(\alpha_k)=\theta_k, & k=0,\pm1,\pm2,\cdots,\pm M/2 \\ S^{(l)}(\alpha_k-0)=S^{(l)}(\alpha_k+0)=S^{(l)}(\alpha_k), & l=0,1,2 \\ S^{(2)}(\alpha_{-M/2})=S^{(2)}(\alpha_{M/2})=0 \end{cases}$$

$$\tag{3-73}$$

根据式(3-73)即可求解待定系数 b_{kj}，得到插值拟合函数 $S(\alpha)$，实现对去非线性函数 $g_i(\cdot)$ 的正确拟合。采用 MABC 算法对目标函数进行求解，从而得到正确的节点参数 $\theta_k(k=0,\pm1,\pm2,\cdots,\pm M/2)$，并根据式(3-72)和式(3-73)进行插值拟合，得到去非线性函数 $g_i(\cdot)$ 的正确估计，进而实现信号的有效分离。

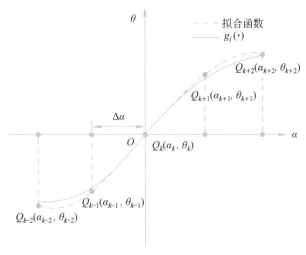

图 3-22 非线性函数插值拟合示意

2. 基于负熵的目标函数及约束条件

在解决盲信号分离问题时，需要根据源信号的统计特性构造分离的目标函数。由于源信号通常来自相互独立的信号源，所以"独立性"常被作为盲信号分

离中构造目标函数的重要统计特性。负熵是评价信号独立性的一种有效指标，本算法将采用负熵作为分离信号的独立性判据，以此构造分离的目标函数。

针对本算法的分离信号 $\boldsymbol{y}_i$，若其概率密度为 $p_y(\boldsymbol{\xi})$，则微分熵可定义为

$$H(\boldsymbol{y}_i) = -\int p_{y_i}(\boldsymbol{\xi}) \log p_{y_i}(\boldsymbol{\xi}) \mathrm{d}\boldsymbol{\xi} \tag{3-74}$$

通过标准化，使其值非负，可定义其负熵为

$$J(\boldsymbol{y}_i) = H(\boldsymbol{y}_{\text{Gauss}}) - H(\boldsymbol{y}_i) \tag{3-75}$$

式中，$\boldsymbol{y}_{\text{Gauss}}$ 是高斯随机向量，其微分熵为 0。由于在实际信号处理过程中，源信号的概率密度未知，直接计算负熵较为困难。所以，通常都采用高阶累积量逼近负熵

$$J(\boldsymbol{y}_i) \approx \frac{1}{12} E\{\boldsymbol{y}_i^3\}^2 + \frac{1}{48} \text{kurt}(\boldsymbol{y}_i)^2 \tag{3-76}$$

式中，$\text{kurt}(\cdot)$ 表示四阶累积量。

采用基于高阶累积量的独立性统计评价方法，在算法分离过程中常会产生异常值现象而影响分离效果。对于非线性混合信号的分离，这种现象更为突出。为此，在目标函数中引入协方差作为相关性约束条件，从而有效抑制了异常值现象的产生，保证了分离效果。

该约束条件为

$$C = \max[\text{cov}(\boldsymbol{y}_i, \boldsymbol{y}_j)] \xrightarrow{\text{趋近}} 0, \quad i,j = 1,2,\cdots,N, i \neq j \tag{3-77}$$

综合负熵和约束条件构造本算法的目标函数为

$$J(\boldsymbol{\theta}) = \begin{cases} \sum_{i=1}^{N} J(\boldsymbol{y}_i) + \dfrac{1}{C}, & \text{满足式}(3\text{-}77) \\ \dfrac{1}{C}, & \text{不满足式}(3\text{-}77) \end{cases} \tag{3-78}$$

式中，$\boldsymbol{\theta} = [\boldsymbol{\theta}_1, \boldsymbol{\theta}_2, \cdots, \boldsymbol{\theta}_i, \cdots, \boldsymbol{\theta}_N]$ 为用于拟合去非线性函数 $\boldsymbol{G}(\cdot) = [g_1(\cdot), g_2(\cdot), \cdots, g_i(\cdot), \cdots, g_N(\cdot)]$ 的样条插值函数的节点参数，$\boldsymbol{\theta}_i = \{\theta_{i,0}, \theta_{i,-1}, \theta_{i,1}, \cdots, \theta_{i,-\frac{M}{2}}, \theta_{i,\frac{M}{2}}\}$ 为第 i 路信号的样条插值节点参数。

3. 蜂群位置参数编码与分离过程

采用 MABC 算法优化求解上述目标函数，从而得到样条插值函数的节点参数 $\boldsymbol{\theta} = [\boldsymbol{\theta}_1, \boldsymbol{\theta}_2, \cdots, \boldsymbol{\theta}_i, \cdots, \boldsymbol{\theta}_N]$。由于非线性畸变对振幅正负值是等效的，样条插值函数为奇对称函数。因此，$\theta_{i,0} = 0, \theta_{i,-1} = \theta_{i,1}, \cdots, \theta_{i,-\frac{M}{2}} = \theta_{i,\frac{M}{2}}$，需要求解的样条插值节点参数可缩减为 $\boldsymbol{\theta}_i = \{\theta_{i,1}, \theta_{i,2}, \cdots, \theta_{i,\frac{M}{2}}\}$。

据此，设定分离算法中蜂群的位置参数编码为 $\boldsymbol{X}_i = \{\boldsymbol{\theta}_1, \boldsymbol{\theta}_2, \cdots, \boldsymbol{\theta}_N\} =$

$\{\theta_{1,1},\theta_{1,2},\cdots,\theta_{1,\frac{M}{2}},\theta_{2,1},\theta_{2,2},\cdots,\theta_{2,\frac{M}{2}},\cdots,\theta_{N,1},\theta_{N,2},\cdots,\theta_{N,\frac{M}{2}}\}$,即 MABC 算法中蜜源位置的维数 $D=\dfrac{N\cdot M}{2}$。MABC 算法的蜜蜂群体在逐代搜索进化过程中不断更新蜜源位置,最终得到的全局最优蜜源位置参数即为待求的样条插值节点参数。

由于算法的分离过程为去非线性畸变和线性分离的联立过程,蜂群每代进化后得到的节点参数 $\boldsymbol{\theta}_i$,根据式(3-73)得到各路信号的去非线性函数 $g_i(\cdot)$,去除观测信号的非线性畸变。进而,对去除非线性畸变的 N 路信号采用 FastICA 进行线性分离,得到各路输出信号 $\boldsymbol{y}_i$。根据式(3-78)计算目标函数值,作为各蜜源的适应度值。然后,根据适应度值调节种群进化过程,更新种群个体位置,搜索新蜜源。分离算法通过蜂群的不断进化更新,搜索到实现最优适应度值的蜜源位置,即可得到正确的样条插值函数节点参数,完成对非线性混合信号的正确分离。

算法的具体步骤如下。

(1) 根据样条插值函数的待求参数确定蜂群个体维数 D,根据式(3-67)和式(3-68)初始化蜂群个体所处蜜源位置 $\boldsymbol{X}_i$。

(2) 由当前蜂群所处各蜜源位置分别得到各自的样条插值节点参数 $\boldsymbol{\theta}$,拟合去非线性函数 $G(\cdot)$,得到去非线性畸变后的混合信号。

(3) 将上述信号输入 FastICA 算法进行线性分离,得到输出信号 $\boldsymbol{y}_i$。

(4) 将输出信号 $\boldsymbol{y}_i$ 依照式(3-78)计算各蜜源的适应度值,将适应度值最大的蜜源位置作为当前种群找到的最优蜜源,其位置记作 $\boldsymbol{X}_{\text{best}}$。

(5) 所有蜜蜂飞向最优蜜源位置 $\boldsymbol{X}_{\text{best}}$,根据式(3-69)更新蜜源位置,寻找新的蜜源。

(6) 如果经过限定次数的搜索后,最优蜜源没有被新蜜源替换,此处的采蜜蜂将变为侦查蜂,按照式(3-70)计算的概率选择蜜源,并依据式(3-71)寻找新蜜源。

(7) 如果达到预设种群进化代数,输出最优蜜源位置 $\boldsymbol{X}_{\text{best}}$,获得样条插值节点参数 $\boldsymbol{\theta}$,得到去非线性函数 $G(\cdot)$,消除混合信号中的非线性畸变。进而采用 FastICA 算法对去非线性畸变后的混合信号进行线性分离,输出源信号的估计 $\boldsymbol{y}_i$,完成信号分离;否则,返回步骤(2)。

3.7.4　实验分析

为了验证基于样条插值与人工蜂群优化的后非线性盲信号分离算法的有

效性,选取 RIKEN 脑科学研究所提供的语音信号数据(信号 1 和信号 2)和 NTT Communication Science Laboratories 提供的语音信号数据(信号 3)作为源信号进行分离实验。源信号经过线性混合矩阵 $\boldsymbol{A}$ 和非线性畸变函数 $\boldsymbol{F}(\cdot)=[f_1(\cdot),f_2(\cdot),f_3(\cdot)]$ 的共同作用,得到混合观测信号。为了验证分离算法在非线性分离过程中的适应性,实验分别针对非线性畸变较弱和非线性畸变较强两种畸变作用下的混合信号进行分离实验。在 $[-1,1]$ 范围内随机生成的线性混合矩阵 $\boldsymbol{A}$ 为

$$\boldsymbol{A} = \begin{bmatrix} 0.0675 & -0.4203 & -0.3060 \\ 0.3385 & -0.7196 & 0.4201 \\ -0.5284 & 0.7164 & -0.9878 \end{bmatrix}$$

针对非线性畸变较弱情况,选取畸变函数 $\boldsymbol{F}(\cdot)=[f_1=\tanh(0.6x_1),f_2=\tanh(0.4x_2),0.5]$;针对非线性畸变较强情况,选取畸变函数 $\boldsymbol{F}(\cdot)=[f_1=\tanh(x_1),f_2=\tanh(0.9x_2),f_3=\tanh(0.8x_3)]$。各源信号如图 3-23 所示,非线性畸变较弱情况下的混合信号如图 3-24 所示,非线性畸变较强情况下的混合信号如图 3-25 所示。针对上述 2 种混合方式得到的混合信号,分别采用多种分离算法进行信号分离,以比较分析验证算法的分离性能。

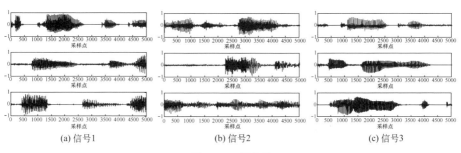

(a) 信号1   (b) 信号2   (c) 信号3

图 3-23 源信号

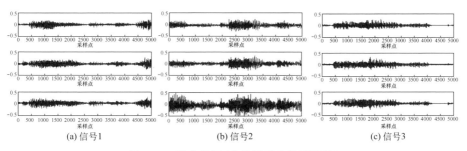

(a) 信号1   (b) 信号2   (c) 信号3

图 3-24 混合信号(非线性畸变较弱情况)

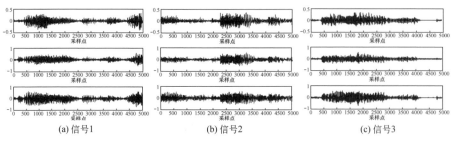

(a) 信号1　　　　　　　　(b) 信号2　　　　　　　　(c) 信号3

图 3-25　混合信号（非线性畸变较强情况）

实验 1　FastICA 算法分离。

首先采用经典的 FastICA 算法对混合信号进行分离。在非线性畸变较弱情况下，获得的分离信号如图 3-26 所示；在非线性畸变较强情况下，获得的分离信号如图 3-27 所示。由结果可以知，FastICA 算法作为线性分离算法对于非线性混合信号的分离效果不佳。

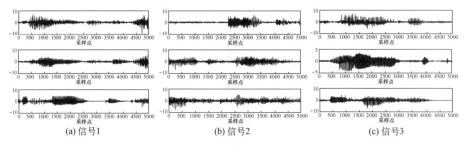

(a) 信号1　　　　　　　　(b) 信号2　　　　　　　　(c) 信号3

图 3-26　FastICA 算法分离信号（非线性畸变较弱情况）

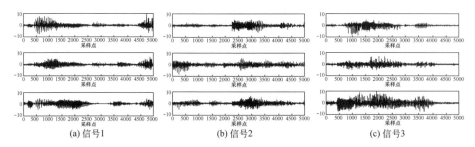

(a) 信号1　　　　　　　　(b) 信号2　　　　　　　　(c) 信号3

图 3-27　FastICA 算法分离信号（非线性畸变较强情况）

为了更客观地评价算法的分离效果，进一步采用分离信号与源信号的相关系数绝对值、均方误差和重构信噪比 3 种性能指标来衡量分离效果，3 种性能指标分别定义如下。

（1）相关系数绝对值（Absolute Value of Correlation Coefficient，AVCC），表示分离信号与对应源信号之间的相似程度，其值为$[0,1]$范围内的数。AVCC 越接近 1，表明分离信号与源信号的相似程度越高，分离效果越好。反之，AVCC 越接近 0，表明分离信号与源信号的相似程度越低，分离效果越差。

$$\text{AVCC} = \left| \frac{\sum\limits_{t=1}^{T} y_i(t) \cdot s_i(t)}{\sqrt{\sum\limits_{t=1}^{T} y_i^2(t) \cdot \sum\limits_{t=1}^{T} s_i^2(t)}} \right| \tag{3-79}$$

（2）均方误差（Mean Square Error，MSE），表示分离信号与对应源信号之间的平均误差，其值越接近 0，表明分离效果越好。

$$\text{MSE} = \frac{\sum\limits_{t=1}^{T} \left[s_i(t) - y_i(t) \right]^2}{T} \tag{3-80}$$

（3）重构信噪比（Reconstruction Signal-to-Noise Ratio，RSNR）也是评判信号分离效果的重要性能指标。该值越大，表明分离效果越好。

$$\text{RSNR} = -10 \lg \left(\frac{\sum\limits_{t=1}^{T} \left[s_i(t) - y_i(t) \right]^2}{\sum\limits_{t=1}^{T} s_i^2(t)} \right) \tag{3-81}$$

表 3-9 所示数据为非线性畸变较弱情况与非线性畸变较强情况两种情况下，采用 FastICA 算法对非线性混合信号进行分离的实验结果（算法独立运行 20 次的统计平均值）。由 AVCC、MSE 和 RSNR 这 3 种性能指标数据可知，由于非线性畸变效应的存在，FastICA 算法对非线性混合情况下信号的分离性能会急剧下降，很难正确分离出源信号。

表 3-9　FastICA 算法分离性能

性能指标		非线性畸变较弱情况			非线性畸变较强情况		
		信号 1	信号 2	信号 3	信号 1	信号 2	信号 3
AVCC	y_1	0.9628	0.7537	0.8553	0.8577	0.5794	0.4858
	y_2	0.9194	0.9921	0.9729	0.8479	0.9157	0.7273
	y_3	0.8242	0.7852	0.9890	0.7784	0.7591	0.5949
	均值	0.9021	0.8437	0.9391	0.8280	0.7514	0.6027

续表

性能指标		非线性畸变较弱情况			非线性畸变较强情况		
		信号 1	信号 2	信号 3	信号 1	信号 2	信号 3
MSE($\times 10^{-3}$)	y_1	33.6088	98.2628	39.2502	14.0909	59.7977	39.3374
	y_2	6.2179	0.7992	16.6132	32.1678	6.0128	35.1927
	y_3	50.9844	39.4365	3.3288	26.7189	69.5370	103.0530
	均值	30.2704	46.1662	19.7307	24.3259	45.1158	59.1944
RSNR/dB	y_1	2.5280	3.7272	3.6663	6.2922	−0.6956	4.0291
	y_2	6.9452	16.5086	6.1200	−0.1929	7.4725	2.8559
	y_3	−1.2380	5.1402	14.8317	1.5681	1.2539	0.1180
	均值	2.7451	8.4587	8.2060	2.5558	2.6769	2.3343

实验 2 本算法分离。

本算法的参数设置如下:针对 3 路混合信号,需要求解 3 个样条插值函数。每个样条插值函数选取 5 个节点。由于待求样条插值函数为奇对称函数,所以算法中每个样条插值函数只需求解 2 个未知参数。因此,针对 3 路信号共需求解 6 个未知参数,设定蜂群个体维数 $D=6$。设置蜂群规模 SN=20,算法进化代数为 150。根据混合信号的振幅范围,设置样条插值函数的步长为 $\Delta\alpha=0.5$。

本算法在非线性畸变较弱情况下得到的分离信号波形如图 3-28 所示。由图可知,本算法得到的分离信号与源信号相似度很高,算法很好地消除了线性混合作用和非线性畸变效应,源信号得到了正确有效的恢复。在非线性畸变较强情况下,本算法的分离信号波形如图 3-29 所示。由图可知,当非线性畸变效应增强后,本算法得到的分离信号质量会略有下降,但仍然以较高质量恢复出了源信号。

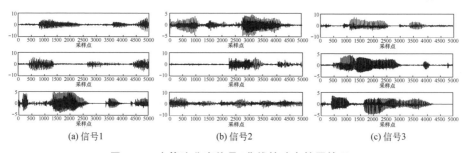

(a) 信号1   (b) 信号2   (c) 信号3

图 3-28 本算法分离信号(非线性畸变较弱情况)

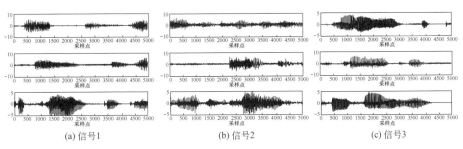

(a) 信号1   (b) 信号2   (c) 信号3

图 3-29　本算法分离信号（非线性畸变较强情况）

进一步,在仅使用混合矩阵 **A** 进行线性混合情况下,以及在非线性畸变较弱和非线性畸变较强的两种混合情况下,将本算法与文献[131]①和文献[84]②中的分离算法性能进行对比。文献[131]和文献[84]分别是基于仿生智能优化的线性盲信号分离算法和非线性盲信号分离算法,分离性能指标数据分别如表 3-10、表 3-11 和表 3-12 所示(表中数据为算法独立运行 20 次的统计平均值)。其中,文献[131]算法的种群个数为 20,进化代数为 150;文献[84]算法中奇数多项式选用五阶函数,种群个数为 40,进化代数为 150。

由表 3-10 中数据可知,对于不含非线性畸变的线性混合信号,3 种算法均具有良好的分离效果。综合分析 AVCC、MSE 和 RSNR 这 3 种性能指标数据可知,3 种算法之间的性能差异并不明显。由于文献[131]的算法是专门针对线性混合情况的分离算法,其总体分离性能相对还更优些。

而对于存在非线性畸变的混合情况,由表 3-11 和表 3-12 中数据可知,基于样条插值拟合与人工蜂群优化的盲信号分离算法的信号分离效果最好,3 组信号分离实验的总体平均数据:AVCC 值达到 0.98 以上,MSE 值达到 10^{-3} 量级,RSNR 值超过了 15 dB。在非线性畸变较弱和非线性畸变较强情况下均达到了较高的分离性能指标。

文献[131]算法和文献[84]算法为 2 种性能优良的盲信号分离算法。文献[84]算法使用奇数多项式拟合法进行非线性函数的拟合,利用改进的遗传算法优化求解目标函数实现信号分离。由表 3-11 和表 3-12 中数据可知,由于本算法使用拟合性能更优的样条插值拟合法,同时结合优化性能更强的改进人工蜂

① CHEN L, ZHANG L Y, GUO Y J, et al. Blind source separation based on covariance ratio and artificial bee colony algorithm[J]. Mathematical Problems in Engineering, 2014: 484327.

② GORRIZ J M, PUNTONET T C G, ROJAS F. Optimizing blind source separation with guided genetic algorithms[J]. Neurocomputing, 2006, 69(13-15): 1442-1457.

表3-10 算法分离性能比较（线性混合情况）

性能指标		信号1			信号2			信号3		
		文献[131]算法	文献[84]算法	本算法	文献[131]算法	文献[84]算法	本算法	文献[131]算法	文献[84]算法	本算法
AVCC	y_1	0.9961	0.9979	0.9983	0.9986	0.9993	0.9980	0.9989	0.9961	0.9970
	y_2	0.9995	0.9990	0.9994	0.9981	0.9996	0.9992	0.9998	0.9953	0.9983
	y_3	0.9943	0.9992	0.9988	0.9992	0.9988	0.9995	0.9982	0.9945	0.9994
	均值	0.9966	0.9987	0.9988	0.9986	0.9992	0.9989	0.9990	0.9953	0.9982
MSE($\times 10^{-3}$)	y_1	0.1186	0.3553	0.1181	0.6761	2.7428	0.4200	2.3850	0.0738	0.2535
	y_2	0.0342	0.1802	0.0290	0.4272	0.1404	0.0872	0.0499	0.1448	0.2605
	y_3	0.1633	0.1150	0.1990	0.3707	1.0053	1.0246	2.7791	0.1306	0.0493
	均值	0.1054	0.2168	0.1154	0.4913	1.2962	0.5106	1.7380	0.1164	0.1878
RSNR/dB	y_1	21.5678	15.2227	23.3719	25.3350	28.3873	23.0306	27.0598	20.5824	22.2756
	y_2	32.8129	26.8464	28.9156	22.6553	23.6532	24.1041	30.2632	20.6149	22.3229
	y_3	19.2212	19.9574	19.8748	26.9650	28.5151	33.7487	22.8482	21.4605	25.2297
	均值	24.5340	20.6755	24.0541	24.9851	26.8519	26.9611	26.7237	20.8859	23.2761

表3-11 算法分离性能比较（非线性畸变较弱情况）

性能指标		信号1			信号2			信号3		
		文献[131]算法	文献[84]算法	本算法	文献[131]算法	文献[84]算法	本算法	文献[131]算法	文献[84]算法	本算法
AVCC	y_1	0.4118	0.9910	0.9967	0.3826	0.9821	0.9958	0.3159	0.9828	0.9918
	y_2	0.9525	0.9921	0.9968	0.8424	0.9917	0.9964	0.7180	0.9971	0.9986
	y_3	0.8379	0.9968	0.9962	0.9542	0.9979	0.9903	0.7804	0.9957	0.9980
	均值	0.7341	0.9933	0.9966	0.7264	0.9906	0.9942	0.6048	0.9919	0.9961
MSE($\times 10^{-3}$)	y_1	75.3080	1.2366	0.4019	80.4949	3.8306	0.3547	165.0886	3.9293	3.1075
	y_2	10.9785	3.2504	0.6379	22.3237	1.1363	0.6872	71.3411	7.2486	1.2406
	y_3	20.8885	1.9207	0.6711	52.7252	2.2551	2.0701	119.4737	4.5374	1.4525
	均值	35.7250	2.1359	0.5703	51.8479	2.4073	1.0373	118.6345	5.2384	1.9335
RSNR/dB	y_1	-0.9868	21.0719	24.7463	-1.9876	13.1207	24.5400	-2.5725	14.0980	15.2974
	y_2	4.4759	15.8749	21.3127	1.7742	16.9517	20.3896	-0.2130	12.6974	23.1528
	y_3	2.6373	22.2285	21.8773	2.4545	20.9515	17.8467	-0.7924	15.0718	18.1756
	均值	2.0421	19.7251	22.6454	0.7470	17.0080	20.9254	-1.1926	13.9557	18.8753

表3-12　算法分离性能比较（非线性畸变较强情况）

性能指标		信号1			信号2			信号3		
		文献[131]算法	文献[84]算法	本算法	文献[131]算法	文献[84]算法	本算法	文献[131]算法	文献[84]算法	本算法
AVCC	y_1	0.3759	0.7694	0.9890	0.3439	0.8758	0.9893	0.2596	0.8363	0.9416
	y_2	0.9200	0.9120	0.9918	0.8987	0.9271	0.9825	0.8326	0.9591	0.9875
	y_3	0.8557	0.8776	0.9914	0.9335	0.9615	0.9787	0.8119	0.9731	0.9780
	均值	0.7172	0.8530	0.9907	0.7254	0.9215	0.9835	0.6347	0.9228	0.9690
MSE($\times10^{-3}$)	y_1	106.7524	28.8580	1.4419	110.9296	15.9977	1.1982	204.1935	97.7982	18.3502
	y_2	27.9517	15.0633	3.5047	34.8704	7.3711	2.8960	49.0490	22.9380	4.8369
	y_3	34.2146	46.9201	1.3230	62.2502	8.4581	3.4916	61.5445	11.9164	12.5710
	均值	56.3062	30.2805	2.0899	69.3501	10.6090	2.5286	104.9290	44.2175	11.9194
RSNR/dB	y_1	−2.5022	9.0625	17.4717	−3.3804	6.7633	18.5351	−3.4957	3.1099	11.1592
	y_2	0.4295	10.5484	13.3068	−0.1627	8.1554	13.9841	1.4141	9.5021	16.7414
	y_3	0.4722	9.8737	17.5546	1.7336	15.7486	15.9783	2.0884	10.7727	14.6046
	均值	−0.5335	9.8282	16.1110	−0.6032	10.2224	16.1658	0.0023	7.7949	14.1684

群优化算法进行目标函数的优化求解,所以较之文献[84]算法具有更加优异的分离效果。文献[131]算法尽管也采用人工蜂群优化算法优化求解目标函数实现信号分离,但由于算法中未考虑混合信号中非线性畸变效应的影响,其分离效果较之本算法差距较大。

本算法使用样条插值法替代奇数多项式法拟合去非线性函数,有效克服了奇数多项式法存在的过拟合现象。分离过程采用人工蜂群优化算法替代传统的梯度类优化方法,克服了梯度优化过程易受初始值影响而陷入局部收敛的局限性。在非线性畸变较弱和非线性畸变较强情况下均可以得到良好的信号分离效果。该基于仿生智能优化的非线性盲信号分离算法框架具有物理意义明晰、无须推导迭代公式等优点,进一步可以针对其他非线性拟合方法和仿生智能优化算法研究得到性能更优的非线性分离算法。

3.8 基于回溯搜索优化的卷积盲信号分离算法

在实际应用环境中,由于存在反射和延迟等现象,传感器接收到的观测信号往往是各路源信号在信道中的卷积混合结果。此时,基于线性混合模型的算法分离效果并不理想,应针对卷积混合模型的实际情况研究有效的分离算法。

卷积混合盲分离的难度较之线性混合信号更大,但其算法更具有实际应用价值。卷积混合盲分离算法一般分为时域算法和频域算法两大类。频域算法由于其较低的计算量受到了研究者的更多关注。很多频域算法将时域卷积混合信号转化为频域的复值信号求解,由于这些算法多采用梯度类优化算法进行求解,分离结果易受迭代初值的影响,从而限制了算法性能。应进一步利用仿生智能优化算法的优势解决复杂混合模型下的盲分离问题。

为此,可以利用仿生智能优化算法在频域下解决卷积混合盲分离问题,采用频域各频率点独立向量分析(independent vector analysis,IVA)分离信号的复数峭度和作为目标函数,利用仿生智能优化算法-回溯搜索优化算法(backtracking search optimization algorithm,BSA)优化求解初始分离矩阵,能够得到一种性能优良的卷积混合盲信号分离算法[①]。

---

① 陈雷、韩大伟、郭艳菊,等. 基于回溯搜索优化的卷积混合语音盲分离[J]. 计算机工程与应用,2017,53(15):137-143.

3.8.1　卷积混合盲分离模型

针对不同方位来源的 N 个源信号向量 $\boldsymbol{s}(t)=[s_1(t),s_2(t),\cdots,s_N(t)]^{\mathrm{T}}$ $(N=M)$，如果接收传感器采集到的混合信号均为源信号的直射路径信号，则得到观测信号向量 $\boldsymbol{x}(t)=[x_1(t),x_2(t),\cdots,x_M(t)]^{\mathrm{T}}$。其混合模型为瞬时线性类型，混合过程可表示为

$$\boldsymbol{x}(t)=\boldsymbol{A}\cdot\boldsymbol{s}(t) \tag{3-82}$$

式中，$\boldsymbol{A}$ 为满秩可逆的混合矩阵。此时，盲分离算法的任务为求解分离矩阵 $\boldsymbol{W}$，使得

$$\boldsymbol{y}(t)=\boldsymbol{W}\cdot\boldsymbol{x}(t) \tag{3-83}$$

式中，$\boldsymbol{y}(t)=[y_1(t),y_2(t),\cdots,y_N(t)]^{\mathrm{T}}$ 为源信号 $\boldsymbol{s}(t)$ 的估计。

在实际环境中，如果源信号在到达接收传感器之前经历了障碍物反射，产生了延时叠加现象和衰减效应，则混合模型为卷积类型，原混合矩阵 $\boldsymbol{A}$ 的每个元素变为一个滤波器，求解过程将变得更为复杂，其混合过程可表示为

$$\boldsymbol{x}(t)=\sum_{i=0}^{L}\boldsymbol{H}_i\boldsymbol{s}(t-l) \tag{3-84}$$

式中，L 为滤波器阶数；$\boldsymbol{H}$ 为滤波器系数矩阵。解卷积混合盲分离问题的方法可分为时域方法和频域方法两大类。频域方法具有计算量小、容易借鉴已有线性分离方法成果等优点而被广泛采用。因此，首先将混合信号从时域变换到频域，然后在频域完成分离工作。

3.8.2　独立向量分析

目前，大部分频域解卷积混合盲分离算法，都是通过 STFT 将信号变换到频域，然后在每个频率点处分别求解线性分离信号。由于这类方法忽略了相邻频率点信号的相互关系，因而需要通过后续处理解决顺序与置换问题。

为了解决频域分离方法的这一固有局限，Lee 等在独立成分分析 (independent component analysis, ICA) 理论的基础上提出了一类新的独立向量分析 (independent vector analysis, IVA) 方法。该方法不同于 ICA，它将各频率点信号统一视为一个频率向量，将一维随机变量扩展到多维，在求解每一个频率的分离矩阵时考虑其他频率点与其相互关系，从而无须进行后续的顺序与置换问题处理。

然而，IVA 方法本质上是基于梯度优化的算法，算法迭代过程的初始解在很大程度上影响着分离性能。为此，可构造寻找 IVA 初始分离矩阵的目标函

数,利用回溯搜索优化算法对目标函数进行优化求解,从而得到了改进的 IVA 算法,有效提高了对卷积混合信号的分离性能。

IVA 算法将各个频率点的信号作为一个多维随机变量进行整体求解,克服了在每个频率点单独进行盲分离而存在顺序模糊性的缺点。IVA 算法使用基于互信息的目标函数及梯度优化算法。

1. 目标函数

IVA 算法采用互信息作为信号独立性的测度函数,如式(3-85)所示:

$$I = KL\left[p(\hat{s}_1, \cdots, \hat{s}_N) \middle\| \prod_{i=1}^{N} p(\hat{s}_i)\right]$$

$$= \text{const} - \sum_{k=1}^{K/2+1} \log |\det \boldsymbol{W}^{(k)}| - \sum_{i=1}^{N} E\{\log p(\hat{s}_i)\} \tag{3-85}$$

式中,K 表示 STFT 的长度,const 表示常量,E 表示取均值。

2. 迭代分离算法

采用梯度算法对式(3-85)进行优化求解,得到如式(3-86)所示迭代公式:

$$\Delta w_{ij}^{(k)} = \sum_{n=1}^{N}\left[I_{in} - E\varphi^{(k)}(\hat{s}^{(1)}, \cdots, \hat{s}_i^{(K/2+1)})\hat{s}_n^{*(k)}\right]w_{nj}^{(k)}$$

$$w_{ij}^{(k)} = w_{ij}^{(k)} + \eta \Delta w_{ij}^{(k)} \tag{3-86}$$

式中,$\varphi^{(k)}(\hat{s}_i^{(1)}, \hat{s}_i^{(2)}, \cdots, \hat{s}_i^{(K/2+1)}) = -\partial \log p(\hat{s}_i^{(1)}, \hat{s}_i^{(2)}, \cdots, \hat{s}_i^{(K/2+1)})/\partial \hat{s}_i^{(k)}$,$p(\hat{s}_i^{(1)}, \hat{s}_i^{(2)}, \cdots, \hat{s}_i^{(K/2+1)})$ 表示信号的多维概率密度函数,$*$ 表示取共轭,η 表示步长。IVA 算法采用多维概率密度函数将各频率点信号作为一个整体进行分离信号的求解,克服了频域卷积盲分离的顺序模糊性。

3.8.3 基于回溯搜索优化的分离算法原理

1. 基于 STFT 的时-频变换

首先通过 STFT 将混合信号从时域变换到频域,从而得到各频率点上的线性混合信号 $\boldsymbol{x}(t,f)$,即

$$\boldsymbol{x}(t,f) = \sum_{k=0}^{K-1} \boldsymbol{x}(k+t) \cdot \text{win}(k) \cdot e^{-j2\pi ft} \tag{3-87}$$

式中,K 为短时傅里叶变换的长度,各频点频率值 $f = 0, \dfrac{1}{K}f_s, \dfrac{2}{K}f_s, \cdots, \dfrac{K/2}{K}f_s$,$f_s$ 为采样频率。$\text{win}(k)$ 为窗函数(窗长度远大于滤波器阶数)。此时,频域中的混合信号可表示为

$$\boldsymbol{x}(t,f) = \boldsymbol{A}(f) \cdot \boldsymbol{s}(t,f) \tag{3-88}$$

式中，$\boldsymbol{x}(t,f)=[x_1(t,f),x_2(t,f),\cdots,x_M(t,f)]^{\mathrm{T}}(N=M)$ 和 $\boldsymbol{s}(t,f)=[s_1(t,f),s_2(t,f),\cdots,s_N(t,f)]^{\mathrm{T}}$ 分别为频点 f 上的混合信号和源信号。此时，原时域卷积混合信号已转换为频域中多频点上的线性混合信号。求解的关键也转换为求得频点 f 上的线性分离矩阵 $\boldsymbol{W}(f)$，分离模型可表示为

$$\boldsymbol{y}(t,f)=\boldsymbol{W}(f)\cdot\boldsymbol{x}(t,f) \tag{3-89}$$

式中，$\boldsymbol{y}(t,f)=[y_1(t,f),y_2(t,f),\cdots,y_N(t,f)]^{\mathrm{T}}$ 为频点 f 上的分离信号；$\boldsymbol{W}(f)$ 为 $N\times N$ 复数分离矩阵。进一步采用 ISTFT 可将 $\boldsymbol{y}(t,f)$ 变换回时域得到分离信号。

2. 基于 BSA 初始矩阵优化的信号分离

在频域求解各频率点的线性分离矩阵 $\boldsymbol{W}(f)$ 时，基于信号独立性理论的盲分离算法普遍存在分离顺序的不确定性问题，从而影响信号的正确分离。

IVA 算法较好地解决了卷积混合信号频域分离的顺序不确定性问题，但由于它是一种基于梯度优化的分离方法，初始矩阵的选取对其分离性能影响较大。为此，以 IVA 各频率点分离信号独立性作为测度，利用 BSA 对初始分离矩阵进行调整寻优，得到优化后的初始分离矩阵，从而有效改善了 IVA 算法的分离性能。

首先，将 IVA 输出的各频率点分离信号 $\boldsymbol{y}(t,f)$ 的复峭度值和作为目标函数，如下式所示：

$$\max J[\boldsymbol{W}(f)]=\sum_{f=1}^{P}\sum_{i=1}^{N}\{E[y_i(f)y_i^*(f)]^2\}-2\{E[y_i(f)y_i^*(f)]\}^2-$$
$$E[y_i(f)y_i(f)]E[y_i^*(f)y_i^*(f)] \tag{3-90}$$

式中，初始分离矩阵为 $\boldsymbol{P}=K/2+1$ 个频率点上的分离矩阵 $\boldsymbol{W}(f)$，令所有 $\boldsymbol{W}(f)$ 均相同。采用仿生智能优化算法——BSA 求解 IVA 的初始分离矩阵 $\boldsymbol{W}(f)$，则目标函数中的待求变量数目为 N^2 个复数。利用 BSA 求解目标函数，首先要完成 BSA 的位置变量与目标函数中待求变量的对应映射关系，即 BSA 的参数编码设置为 $(w_{11r},w_{11i},w_{12r},w_{12i},\cdots,w_{1Nr},w_{1Ni},w_{21r},w_{21i},w_{22r},w_{22i},\cdots,$ $w_{2Nr},w_{2Ni},\cdots,w_{N1r},w_{N1i},w_{N2r},w_{N2i},\cdots,w_{NNr},w_{NNi})$ 下角标 r 和 i 分别代表分离矩阵中各元素的实部和虚部，则 BSA 的位置变量维数为 $2N^2$。

为了减少 BSA 的参数编码维数，降低优化求解难度。采用复 Givens 旋转变换原理将对分离矩阵 $\boldsymbol{W}(f)$ 的求解转换为对旋转角度 $\boldsymbol{\theta}(f)$ 的求解。即将表示 $\boldsymbol{W}(f)$ 为复 Givens 矩阵连乘的形式：

$$\boldsymbol{W}(f)=\boldsymbol{T}_{N-1}(f)\boldsymbol{T}_{N-2}(f)\cdots\boldsymbol{T}_1(f) \tag{3-91}$$

式中，$\boldsymbol{T}_1(f)=\boldsymbol{T}_{1,N}(f)\boldsymbol{T}_{1,N-1}(f)\cdots\boldsymbol{T}_{1,2}(f)$，

$$\boldsymbol{T}_2(f) = \boldsymbol{T}_{2,N}(f)\boldsymbol{T}_{2,N-1}(f)\cdots\boldsymbol{T}_{2,3}(f),$$

$$\vdots$$

$\boldsymbol{T}_{N-1}(f) = \boldsymbol{T}_{N-1,N}(f)$。$\boldsymbol{T}_{a,b}(f)$ 为 N 阶复 Givens 阵,具体表示为:

$$\boldsymbol{T}_{a,b}(f) = \begin{pmatrix} 1 & \cdots & 0 & \cdots & 0 & \cdots & 0 \\ \vdots & \ddots & \vdots & \ddots & \vdots & \ddots & \vdots \\ 0 & \cdots & c\,\mathrm{e}^{j\theta_1} & \cdots & -d\,\mathrm{e}^{j\theta_2} & \cdots & 0 \\ \vdots & \ddots & \vdots & \ddots & \vdots & \ddots & \vdots \\ 0 & \cdots & d\,\mathrm{e}^{j\theta_3} & \cdots & c\,\mathrm{e}^{j\theta_4} & \cdots & 0 \\ \vdots & \ddots & \vdots & \ddots & \vdots & \ddots & \vdots \\ 0 & \cdots & 0 & \cdots & 0 & \cdots & 1 \end{pmatrix}_{N\times N} \tag{3-92}$$

通过复 Givens 旋转变换,目标函数转换为

$$\max J[\boldsymbol{\theta}(f)] = \sum_{f=1}^{P}\sum_{i=1}^{N} E\{[y_i(f)y_i^*(f)]^2\} - 2\{E[y_i(f)y_i^*(f)]\}^2 -$$
$$E[y_i(f)y_i(f)]E[y_i^*(f)y_i^*(f)] \tag{3-93}$$

此时,目标函数中待求变量数目减少为 $4C_N^2$。如当 $N=3$ 时,采用复 Givens 旋转变换后,BSA 的参数编码变为 $(\theta_1(f),\theta_2(f),\theta_3(f),\theta_4(f),\theta_5(f),$ $\theta_6(f),\theta_7(f),\theta_8(f),\theta_9(f),\theta_{10}(f),\theta_{11}(f),\theta_{12}(f))$。待求变量的数目由 18 减少到 12,有效降低了算法的求解难度。同时,由于 θ 为旋转角度,BSA 的搜索范围缩小为 $0 \leqslant \theta_1(f),\theta_2(f),\theta_3(f),\theta_4(f),\theta_5(f),\theta_6(f),\theta_7(f),\theta_8(f),$ $\theta_9(f),\theta_{10}(f),\theta_{11}(f),\theta_{12}(f) \leqslant 2\pi$。

以当前 BSA 种群中各搜索个体位置构造初始分离矩阵,分别代入 IVA 得到各自的分离信号,按照式(3-93)计算目标函数值,根据目标函数值按照 BSA 的进化搜索策略更新调整各初始分离矩阵。通过循环进行 BSA 的进化搜索调整过程,将进化搜索过程结束后 BSA 输出的最优解 $\theta(f)$ 代入式(3-91)和式(3-92),即可得到优化后的 IVA 初始分离矩阵 $\boldsymbol{W}(f)$。进一步采用该初始分离矩阵计算 IVA 的输出信号,并经过幅度模糊性消除操作,使用 ISTFT 将频域分离信号变换回时域即可得到最终的分离信号。

基于回溯搜索优化的卷积混合盲信号分离算法具体实现步骤如下。

(1) 将时域卷积混合信号经 STFT 变换到频域,对各频率点上的信号进行去均值和白化预处理。

(2) 根据混合信号路数初始化 BSA 的搜索种群,确定种群数量、搜索个体维数,每个个体由复 Givens 矩阵连乘的形式表示,构成 BSA 的初始种群 $\boldsymbol{P}$,设定搜索范围上下限 $\mathrm{low}_j = 0$,$\mathrm{up}_j = 2\pi$。

（3）将每个个体作为各频率点复分离矩阵初值，依据式（3-86）对各复分离矩阵进行迭代求解，得到各频率点当前最优复分离矩阵，进而根据式（3-89）求得各频率点复分离信号，以式（3-93）作为 BSA 的适应度函数，求得初始条件下每个个体对应的适应度值。

（4）对初始种群 **P** 随机排列产生历史种群 old**P**，依据种群变异操作原理产生新种群 **Mutant**，依据种群交叉过程产生实验种群 **T**。

（5）将 **T** 中每个个体作为各频率点复分离矩阵初值，依据式（3-86）对各复分离矩阵进行迭代求解，得到各频率点当前最优复分离矩阵，进而根据式（3-89）求得各频率点复分离信号。以式（3-93）作为适应度函数，求得每个个体对应的适应度值。

（6）将步骤（3）中所得个体适应度值与步骤（5）中所得个体适应度值比较，确定更优的个体作为新种群 **P**，找出最佳个体 **P**$_{best}$。

（7）返回步骤（4），将每次迭代求解出的最佳个体与上一代最佳个体相比较，找出更优个体。达到最大迭代次数时所求得的最优个体即为分离矩阵初值最优解。

（8）将最优初始分离矩阵输入 IVA 求解得到各频率点复分离信号。

（9）采用最小失真法消除频域分离信号的幅度模糊性。

（10）用 ISTFT 将频域分离信号变换回时域，得到最终的分离信号。

3.8.4　实验分析

为了验证算法的有效性，进行三组实验。分别采用不同语种及说话人的语音作为音源测试算法的盲分离效果。

1）NTT 通信科学实验室语音信号分离实验

本实验使用日本 NTT 通信科学实验室 Hiroshi Sawada 提供的三路语音信号作为源信号进行分离实验。语音信号长度为 56000 点，采用如下 9 个 5 阶滤波器进行卷积混合，滤波器系数在[−1,1]范围内随机选取。

$$h_{11} = [0.9, 0.5, 0.3, -0.2, 0.1]$$
$$h_{12} = [0.8, 0.4, 0.1, -0.3, -0.2]$$
$$h_{13} = [0.6, 0.4, 0.2, -0.1, -0.2]$$
$$h_{21} = [0.7, 0.4, 0.3, 0.2, -0.1]$$
$$h_{22} = [0.7, 0.5, 0.1, -0.5, 0.2]$$
$$h_{23} = [0.8, 0.6, 0.5, 0.2, 0.1]$$

$$h_{31} = [0.7, 0.6, 0.4, -0.1, -0.2]$$
$$h_{32} = [0.8, 0.7, 0.2, -0.3, -0.2]$$
$$h_{33} = [0.7, 0.5, 0.3, 0.2, 0.1]$$

算法中 STFT 的点数为 1024，窗函数为汉宁窗，窗长度 256，变换到频域后得到 513 个频率点上的线性混合信号。

为对比说明本算法的优势，分别使用经典的快速固定点（Fast-ICA）算法和基本 IVA 算法对混合信号进行分离，所有实验结果数据为 20 次蒙特卡罗仿真的平均值。各算法参数设置如表 3-13 所示。

表 3-13　各算法参数设置

算　　　法	参　数　设　置
Fast-ICA	初始向量为 $[-0.5, 0.5]$ 均匀分布随机数，迭代次数为 50
IVA	步长 0.1，初始分离矩阵为单位阵，迭代次数为 1000
本算法	种群个数 $NP = 20$，维数 $D = 12$，搜索范围上下限 $low_j = 0$，$up_j = 2\pi$ 混合比例参数为 1，进化代数为 50，IVA 的迭代次数为 1000

图 3-30 所示为源信号、混合信号以及 3 种分离算法分离结果的时域波形图。

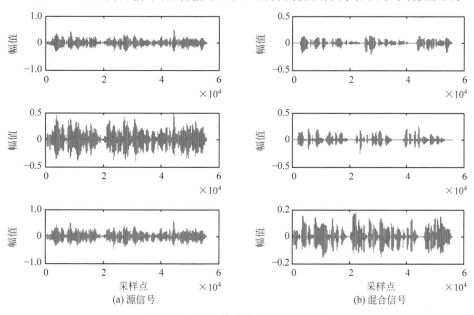

(a) 源信号　　　　　　　　　　　　　(b) 混合信号

图 3-30　不同算法分离结果波形图

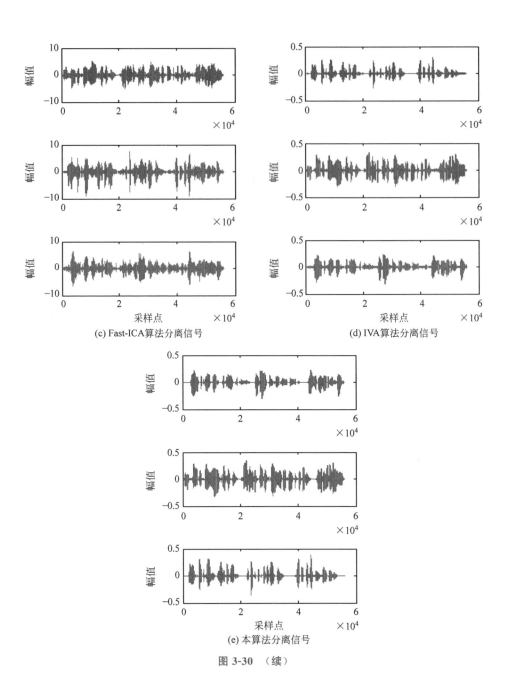

(c) Fast-ICA算法分离信号　　　　　　　　(d) IVA算法分离信号

(e) 本算法分离信号

图 3-30　（续）

由图中波形可以看出 Fast-ICA 算法的分离效果较差,这是由于 Fast-ICA 算法本身为线性混合盲分离算法,并未考虑卷积混合中存在的延时与衰减叠加。而针对基本 IVA 算法和本算法从波形上进行观察可知,两种算法均能较好的分离出源信号。

为了更客观、精确地说明本算法的优越性,使用相关系数绝对值和重构信噪比两项指标对分离性能进行客观评价。

由表 3-14 中数据可知,Fast-ICA 算法分离性能较差,对源信号的恢复精度非常低。基本 IVA 算法由于是一种新近提出的卷积混合盲分离算法,因而可以较好的分离出源信号。而本算法充分利用了仿生智能优化算法优异的全局优化求解能力,求解获得了最优化的初始分离矩阵,克服了基本 IVA 算法由于源于梯度优化而存在的固有局限性,因而在分离精度上相对基本 IVA 算法实现了有效提升。

表 3-14　NTT 通信科学实验室语音信号分离实验中不同算法分离性能比较

算　法	相　关　系　数			相关系数平均值	重构信噪比/dB			重构信噪比平均值/dB
Fast-ICA	0.8208	0.8025	0.8518	0.8250	2.0439	−6.6618	−5.5248	−3.3809
IVA	0.9604	0.9512	0.9371	0.9496	12.3447	6.1559	8.9207	9.1404
本算法	0.9786	0.9766	0.9534	0.9695	13.7839	9.1667	7.3532	10.1013

2) 不同类型的声音信号分离实验

采用录制的 3 路不同类型声音作为源信号,第一路源信号为男声语音信号,第二路源信号为女声语音信号,第三路源信号为乐器声信号,信号采样点为50000。卷积混合模型、对比算法及各算法参数设置与实验一相同。算法所得分离信号的相关系数及重构信噪比如表 3-15 所示。

表 3-15　不同类型的声音信号分离实验中不同算法分离性能比较

算　法	相　关　系　数			相关系数平均值	重构信噪比/dB			重构信噪比平均值/dB
Fast-ICA	0.7205	0.7797	0.7690	0.7546	−4.5604	−5.2814	4.8542	−1.6625
IVA	0.9486	0.9287	0.8897	0.9223	8.7041	9.2568	6.6710	8.2106
本算法	0.9646	0.9810	0.8967	0.9474	10.3983	9.3917	6.5131	8.7677

3) 不同语种的语音信号分离实验

采用录制的 3 路不同语种的语音作为源信号,第一路源信号为中文语音信号,第二路源信号为英文语音信号,第三路源信号为日文语音信号,信号采样点为 50000。卷积混合模型、对比算法及各算法参数设置与实验一相同。算法所得分离信号的相关系数及重构信噪比如表 3-16 所示。

表 3-16　不同语种的语音信号分离实验中不同算法分离性能比较

算　法	相　关　系　数			相关系数平均值	重构信噪比/dB			重构信噪比平均值/dB
Fast-ICA	0.9306	0.5725	0.8275	0.7769	9.0758	-5.0722	-5.7427	-0.5797
IVA	0.9872	0.9098	0.9799	0.9590	17.0373	13.6073	13.6548	14.7665
本算法	0.9944	0.9471	0.9861	0.9759	19.7125	13.5718	15.8833	16.3892

　　由以上 3 组实验可知,本算法对不同说话人及不同语种的信号均可实现更好的分离效果,算法适应性较强。本算法利用回溯搜索优化算法(BSA)优异的全局搜索能力,有效实现了对 IVA 算法初始分离矩阵的最优化。为了提高算法的分离性能和稳定性,引入复 Givens 旋转变换原理将对分离矩阵 $\boldsymbol{W}(f)$ 的求解转化为对 $\boldsymbol{\theta}(f)$ 的求解,从而减少了 BSA 的参数编码维数,降低了优化求解难度。算法针对卷积混合语音信号具有很好的分离效果,较之基本 IVA 算法具有更高的分离精度。

第 **4** 章

基于仿生智能优化的高光谱
图像解混技术

随着空间技术的发展,遥感技术在矿产识别、环境监测、农业生产、交通管理和军事监管等多领域得到了广泛应用。而高光谱遥感技术(hyperspectral remote sensing technology)与传统的单波段、多光谱遥感技术相比,具有更高的光谱分辨率(可达纳米级),可以在一定的波段区间内得到数百个波段的连续光谱信息,使研究者能够更加灵活地利用更多的光谱特征对被测物质进行分类、识别和处理,从而实现对地球表面不同物质进行更好的分析与理解。高光谱遥感图像原理如图 4-1 所示。

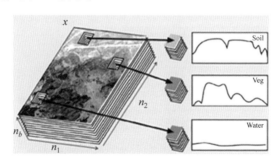

图 4-1　高光谱遥感图像原理示意图[①]

高光谱图像的数据分析和处理主要包括数据解混、分类和融合等多方面,所使用的大多数框架都源于信号处理、统计推断和机器学习领域,其中尤其是基于仿生智能优化的方法和基于深度神经网络的方法受到越来越多的重视,也

①　BIOUCAS-DIAS J, A. PLAZA, G. CAMPS-VALLS, et al. Hyperspectral remote sensing data analysis and future challenges[J]. IEEE Geoscience and Remote Sensing Magazine, 2013, 1(2): 6-36.

在相关算法的研究中取得了优异的性能。

随着深度神经网络的规模和精度的不断提升,其解决复杂问题的能力也大大增强。深度神经网络已被广泛应用于图像识别、高光谱图像分类、通信信号处理、生物医学信号处理、语音增强等多学科领域。通过残差网络、三维卷积神经网络、胶囊网络、逆向深度神经网络、循环神经网络、联合深度神经网络等深度神经网络的使用,取得了良好的效果。

仿生智能优化算法较之传统的梯度类优化方法具有算法原理简单、全局收敛性好和寻优精度高等优点,是解决复杂优化求解问题的更有效方法。此外,对于有约束的优化问题,仿生智能优化算法具有先天优势,其在优化求解过程中引入约束项较之传统的梯度类方法更加灵活、简便。因此,采用仿生智能优化算法替代传统的梯度类优化方法解决高光谱图像解混问题是一个非常可行,且具有良好发展前景的研究方向。

4.1 高光谱图像解混技术概述

然而受光学和电子技术的限制以及自然界地物复杂多样的影响,高光谱遥感仪拍摄得到的某一波段图像中的一个像素点不一定只是一种物质特性的反映,而可能是由多种不同类型地表物质混合组成的像元,混合模型如图 4-2 所示。因而,需要采用高光谱图像解混技术实现混合像元的分解,提升高光谱遥感图像的应用精度,高效实现高光谱数据的分析和处理。

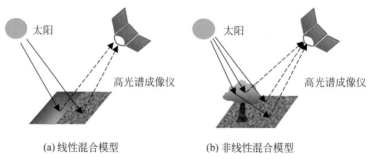

(a) 线性混合模型　　　　　(b) 非线性混合模型

图 4-2　像元混合模型

传统的高光谱图像解混方法主要采用两步法:端元提取和丰度解混。即首先估计高光谱图像中所包含的地物成分(端元),然后再确定各个端元在混合像元中所占的比例(丰度),最终实现混合像元的光谱解混。目前,高光谱图像解混方法主要以几何学方法和统计学方法为主,如图 4-3 所示。

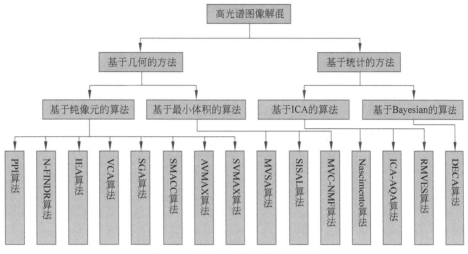

图 4-3　主要高光谱图像解混算法

4.1.1　基于几何学的方法

　　基于几何学的高光谱图像解混方法是目前研究最为广泛的方法,该类方法主要利用凸面几何理论进行解混,根据理论基础又可分为基于纯像元的算法和基于最小体积的算法两大类。

1. 基于纯像元的算法

　　基于纯像元的算法是在假设高光谱图像中有纯像元的存在为基础提出的。其中比较典型的算法有 PPI(pixel purity index)算法,该算法由 Boardman 基于凸面几何理论提出,利用 MNF(maximum noise fraction)法对图像数据进行降维处理,然后向一组随机向量进行投影,最后根据各像元投影到随机向量两侧的次数选择出端元;N-FINDR 算法利用纯像元的单形体体积大于其他像元的组合体积这一事实,通过寻找具有最大体积的单形体而自动获取图像中的所有端元。该类算法的性能优劣与初始选择的端元光谱密切相关;IEA 算法利用一系列线性约束进行解混,每次选择一个最小化解混图像剩余误差的像元作为端元,通过多次选择得到图像中的所有端元。该方法的缺点是越先选出的端元精度越低,而像元一旦被选作端元便无法改变;VCA(vertex component analysis)算法基于"端元一定是单形体的顶点"的原理,将图像中的各像元向随机方向进行投影,通过迭代提取的方法找到所有端元。PPI、N-FINDR 和 VCA 都是基于凸面几何理论的算法,其中 VCA 算法从时间复杂度和端元提取效果上均要优于其他两种算法,更适于处理大数据量的光谱图像。而 SGA(simplex growing algorithm)算法是 N-FINDR 的改进算法,也是通过寻找凸面单形体的最大体积来提取端元,它先找到具有最大体积的两顶点单体,然后逐个找到使体积最大的所有顶点实现对所有端元的提取。SMACC 是一种基于凸锥模型的端元提取方法,算法基于已经存在的凸锥的角度选择新的端元,该端元添加到端元集中后,算法更新前面端元的丰度并确保所有端元的丰度均非负,重复以上计算过程直至生成的凸锥模型中包含所有端元光谱。SMACC 能够实现端元的自动快速提取,但是其所选择的端元代表性不是很强,不能完全表达影像中所有类别,同时又没有判断对所选端元进行评价的标准,因此它的结果近似程度较高,精度较低。AVMAX 算法也是一种源于 N-FINDR 算法,它以循环的方式一次仅更新一个端元来最大化由端元确定的单形体的体积,从而实现端元的有效提取。SVMAX 则和 VCA 相类似,主要的不同在于数据投影到正交方向上的方式不同,子空间的延展是由端元已经决定的。VCA 只考虑这些子空间的一个随机方向,而 SVMAX 考虑整体的子空间,具有更好的提取效果。但是由 AVMAX 和 SVMAX 进行端元提取的抗噪性较差,且其较高的计算复杂度也限制了算法的应用。

2. 基于最小体积的算法

基于最小体积的算法是在假设高光谱图像数据的高维空间的散点分布为凸面单形体为基础提出的,采用最小体积单体的光谱解混算法实现混合像元分解,此算法不需要假定纯像元的存在。其中比较典型的算法有 MVSA(minimum volume simplex analysis)和 SISAL(simplex identification via variable splitting and augmented lagrangian)算法,该算法由 Bioucas-Dias 基于凸面几何理论提出的,通过寻找包括所有高维空间的散点的凸面单形体的几何顶点,使单形体体积达到最小值作为端元,但是对于噪声较多的高光谱数据解混效果不佳。MVC-NMF(minimum volume transform-nonnegative matrix factorization)算法是基于纯像元和最小体积的结合而提出的,通过最小化体积和最小化误差而得到单形体的几何顶点作为端元,MVC-NMF 忽略了丰度之间的空间自相关作用。RMVSA(robust minimum volume simplex analysis)算法是在 MVSA 算法上提出的一种鲁棒性更好的端元提取算法,通过对丰度添加约束克服了噪声对高光谱数据的影响,但这种约束并不适用于光谱高度混合的情况。

上述这些算法的作用只是估计出端元光谱成分,在实际应用中需要在得到端元光谱信息之后,利用丰度估计算法进行丰度值的计算才能最终完成像元的解混。目前常用的丰度估计算法主要有 FCLS(fully constrained least squares)算法以及具有更快运算速度的 SPU(simplex-projection unmixing)算法等。

4.1.2 基于统计学的方法

随着对高光谱图像解混算法研究的不断深入,基于统计学原理的方法开始被关注。大部分基于几何学的方法是从已有的数据集中寻找几何顶点,而对于没有纯像元或光谱高度混合的数据集,上述基于几何学的解混方法效果并不理想。此时,基于统计学理论的解混方法成为解决问题的很好选择。

典型的可用于高光谱图像解混的统计学方法主要包括基于独立成分分析(independent component analysis,ICA)的方法和基于贝叶斯的方法。其中独立成分分析方法作为盲分离(blind signal separation,BSS)问题求解的有效工具,已经得到一些学者的关注。最初,Bayliss 等提出的基于 ICA 的解混算法是将丰度作为混合矩阵,端元光谱作为源信号,但是由于端元光谱的波段数量仅为数百个,不足以体现出 ICA 算法中统计特性的要求,所以后期更多学者则在端元光谱作为混合矩阵、丰度作为源信号的模型下进行研究。

在标准 ICA 问题中,源信号要求满足统计独立的前提条件。而在高光谱图像解混问题中,由于丰度值具有的非负性以及和为 1 约束,使得其并不满足统计独立条件。Nascimento 对基于 ICA 的高光谱图像解混方法进行了深入的分析和实验研究,发现 ICA 并不能很好的提取高光谱图像中的所有端元,其根本原因就是高光谱图像中的端元分布并不严格满足独立性条件。之后,Nascimento 又提出利用依赖成分分析(dependent component analysis,DCA)解决解混过程中成分之间的依赖性问题,但该方法是以丰度分布为 Dirichlet 分布的假设为前提的。一些能够很好解决 ICA 问题的盲分离算法并不直接适用于高光谱遥感图像的解混。因此,一些学者通过在基本 ICA 算法中引入约束条件,或对 ICA 算法进行修正来提高像元解混的性能。

4.2 高光谱图像解混模型

高光谱图像解混首先需要建立像元的混合模型,根据物质的混合和物理分布的空间尺度大小,可以分为线性混合和非线性混合两种模式。线性混合模型具有建模简单、物理含义明确的优点,是目前广泛使用的混合模型。但是在针对发生在微观尺度上的紧密混合物进行分析时,由于光子会在多个成分之间发生多次反射,如果采用线性混合模型进行解混,将会造成较大误差。此时,就需要在非线性模型下研究高光谱图像解混的方法。

4.2.1 线性光谱混合模型

线性混合模型假设光谱在进入到传感器之前没有发生交互影响,每个入射到高光谱成像仪传感器的光子是一种地物成分的体现。此时,得到具有 L 个波段,像素数为 $I \times J$ 的高光谱图像为一个图像立方体,每个像素点的观测值 $\boldsymbol{y} = (y_1, y_2, \cdots, y_L)^{\mathrm{T}}$ 可以表示为

$$\boldsymbol{y} = \sum_{k=1}^{R} a_k \cdot \boldsymbol{m}_k + \boldsymbol{n} = \boldsymbol{M} \cdot \boldsymbol{a} + \boldsymbol{n} \tag{4-1}$$

式中,R 为端元数目;$\boldsymbol{M}$ 为 $L \times R$ 维的端元光谱矩阵,其每一列 $\boldsymbol{m}_k = [m_{1,k}, m_{2,k}, \cdots, m_{L,k}]^{\mathrm{T}} (k = 1, 2, \cdots, R)$ 代表一种端元光谱;$\boldsymbol{a} = [a_1, a_2, \cdots, a_R]^{\mathrm{T}}$ 为该像素点的丰度向量;$\boldsymbol{n} = [n_1, n_2, \cdots, n_L]^{\mathrm{T}}$ 为附加的高斯白噪声。其中,由于丰度向量 $\boldsymbol{a}$ 代表像素点中各端元所占比例,其必须满足"丰度非负约束" (Abundance Nonnegative Constraint,ANC)和"丰度和为 1 约束"(Abundance Sum-to-one Constraint,ASC),即

$$a_k \geqslant 0, \sum_{k=1}^{R} a_k = 1, (k = 1, 2, \cdots, R) \tag{4-2}$$

图 4-4 所示为简化的不考虑噪声的高光谱图像线性混合模型。

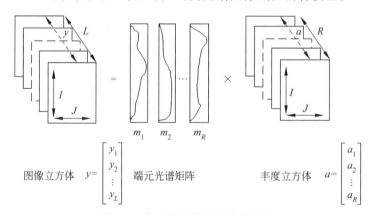

图 4-4　高光谱图像线性混合模型

4.2.2 非线性光谱混合模型

当线性混合模型的假设不能完全满足,多光子在进入传感器之前发生相互

作用时,非线性效应就会显现出来,如图 4-2 所示。已有非线性混合模型主要基于辐射传输(radiative transfer,RT)理论。该理论下的模型能够精确表述多种材料产生的光线散射现象,但针对该模型的解混算法复杂度很高,限制了高光谱图像解混技术的实际应用。进一步,有学者提出 RT 模型的近似模型(如Hapke 模型),但该类模型中仍然存在高度的非线性和复杂的积分计算。

为了避免高复杂度的数学计算,一些学者在保证实际物理意义的基础上提出了简化而有效的非线性混合模型,其中包括双线性模型(bilinear model,BM)、FAN 模型(FAN model,FM)、广义双线性模型(generalized bilinear model,GBM)、后非线性混合模型(postnonlinear mixing model,PNMM)等。

目前受到广泛关注的双线性模型,体现了端元之间的二阶相关性,该模型的公式表示为

$$y = M \cdot a + \sum_{i=1}^{R-1} \sum_{j=i+1}^{R} \beta_{i,j} m_i \odot m_j + n \tag{4-3}$$

式中,$\odot$ 为 Hadamard 乘积,具体运算规则为

$$m_i \odot m_j = \begin{pmatrix} m_{1,i} \\ \vdots \\ m_{L,i} \end{pmatrix} \odot \begin{pmatrix} m_{1,j} \\ \vdots \\ m_{L,j} \end{pmatrix} = \begin{pmatrix} m_{1,i} m_{1,j} \\ \vdots \\ m_{L,i} m_{L,j} \end{pmatrix} \tag{4-4}$$

为了体现高光谱图像混合的实际物理意义,在双线性模型的基础之上,对丰度添加如式(4-5)所示的额外约束,就构成了新的 Fan 模型:

$$\sum_{k=1}^{R} a_k = 1, \quad \beta_{i,j} = a_i a_j \tag{4-5}$$

而更具代表性的广义双线性模型的定义为

$$y = M \cdot a + \sum_{i=1}^{R-1} \sum_{j=i+1}^{R} \gamma_{i,j} a_i a_j m_i \odot m_j + n \tag{4-6}$$

式中,要求满足式(4-2)的约束条件;$\gamma_{i,j}$ 是控制端元间相互作用程度的非线性参数,要求 $0 \leqslant \gamma_{i,j} \leqslant 1$。GBM 体现出的物理意义为,高光谱传感器接收到经多种物质依次反向散射的混合光谱信号。例如,"树木(m_1)"和"泥土(m_2)"普遍存在于拍摄得到的高光谱图像场景中。当信号首先被树木散射,然后又被泥土散射,传感器接收到的信号将会是 $\gamma_{1,2} a_1 a_2 m_1 m_2$,又由于信号经过了两次反射,所以传输路径要长于只有单一物质的一次反射路径,$\gamma_{1,2}$ 的值必须小于 1。尽管多次反射而形成的更高阶的相互作用项也存在,但这些信号已经非常微弱,在实际应用中可以忽略不计。

GBM 的优势在于它是一个广义通用模型:当 $0 < \gamma_{i,j} < 1$ 时,GBM 可以很

好诠释实际场景的非线性效应；当 $\gamma_{i,j}=1$ 时，GBM 就转化成了 FM；当 $\gamma_{i,j}=0$ 时，GBM 就退化成 LMM。并且，GBM 对高光谱图像混合特性是逐点描述的，可应用于实际场景中既存在非线性混合，又存在线性混合的复杂情况，对图像场景具有更好的适应性。

PNMM 也是一类典型的非线性高光谱图像混合模型，该模型能够很好地诠释实际高光谱遥感图像中的非线性场景。PNMM 可以表示为

$$y = g\sum_{r=1}^{R}(a_r m_r) + n = g(M \cdot a) + n \qquad (4\text{-}7)$$

不同的非线性变换 g 能够表征不同的非线性混合场景，通常多采用多项式拟合非线性变换。此时，由于高阶项在实际拍摄环境下已淹没于噪声之中，在考虑了二阶多项式非线性的情况下更为简化且便于实际应用的 PPNMM （polynomial PNMM）可表示为

$$y = g_b(M \cdot a) + n = M \cdot a + b(Ma) \odot (M \cdot a) + n \qquad (4\text{-}8)$$

PPNMM 可以有效表征实际环境下的光散射特性，且模型中仅需使用一个非线性参数 b，与现有的非线性模型相比，该模型更加简单有效，具有更低的计算量。

4.2.3 高光谱图像解混评价指标

高光谱图像的解混性能评价一般选用以下 3 个指标：重构误差 （reconstruction error，RE）、光谱角分布（spectral angle mapper，SAM）和均方根误差（root mean square error，RMSE）。其中，RE 和 SAM 是从算法重构出的高光谱图像数据与实际观测数据间误差的角度评价算法性能，而 RMSE 则用于评价算法估计出的丰度与真实丰度之间的相似程度。

3 种性能评价指标分别定义如下：

1. RE

$$RE = \sqrt{\frac{1}{(I \cdot J)L}\sum_{p=1}^{I \cdot J}\| y(p) - \hat{y}(p)\|^2} \qquad (4\text{-}9)$$

式中，L 为波段数目，$I \cdot J$ 为高光谱图像像素数。$y(p)$ 和 $\hat{y}(p)$ 分别为高光谱图像第 p 个像素点的真实观测数据和算法重构出的数据。

2. SAM

$$SAM = \frac{1}{I \cdot J}\sum_{p=1}^{I \cdot J}\theta[y(p), \hat{y}(p)] \qquad (4\text{-}10)$$

式中,$\theta[\boldsymbol{y}(p),\hat{\boldsymbol{y}}(p)]=\arccos\left(\dfrac{\langle\boldsymbol{y}(p),\hat{\boldsymbol{y}}(p)\rangle}{\|\boldsymbol{y}(p)\|\ \|\hat{\boldsymbol{y}}(p)\|}\right)$。

3. RMSE

$$\text{RMSE}=\sqrt{\frac{1}{(I\cdot J)R}\sum_{p=1}^{I\cdot J}\|\boldsymbol{a}(p)-\hat{\boldsymbol{a}}(p)\|^{2}}\qquad(4\text{-}11)$$

式中,$\boldsymbol{a}(p)$ 和 $\hat{\boldsymbol{a}}(p)$ 分别为高光谱图像第 p 个像素点的真实丰度和算法估计出的丰度。

4.3　基于仿生智能优化的高光谱图像线性解混方法

4.3.1　基于布谷鸟搜索的高光谱图像线性解混算法

　　基于线性混合模型的高光谱图像解混过程,要求每一像素点的丰度必须满足:丰度非负约束(ANC)和丰度和为 1 约束(ASC)。现有算法大多是在线性模型框架下基于几何理论的解混算法,如 N-FINDR、VCA、MVSA 等,这些算法以观测数据中存在"纯像元"为前提,在处理纯像元缺失的实际遥感数据时效果不理想。而基于统计理论的解混算法,依据统计学原理,能有效克服基于几何理论的算法不能适应纯像元缺失情况的缺点,同时对噪声具有较强的鲁棒性。其中,基于独立成分分析(independent component analysis,ICA)的盲分离算法,作为一种典型的无监督算法,具有很好的研究前景。但传统 ICA 以源的独立性为前提,即要求丰度向量是相互独立的,与高光谱图像线性混合模型中的 ASC 相矛盾,直接应用于光谱解混,会削弱该算法的性能。同时,传统算法中采用梯度算法进行优化,易受初始化和迭代步长影响而收敛到局部极值,影响解混效果。

　　基于布谷鸟搜索的高光谱图像线性解混算法[①]能够克服 ICA 算法在高光谱图像解混问题中的不足,在非负独立成分分析(non-negative independent component analysis,NICA)模型目标函数中引入 ASC 约束,使解混结果尽量满足两个约束。同时,采用布谷鸟搜索(cuckoo search,CS)算法对目标函数进行优化求解。该算法不需要端元的先验信息,能够无监督地实现高光谱图像混合像元的解混。

---

　　①　孙彦慧,张立毅,陈雷,等. 基于布谷鸟搜索算法的高光谱图像解混算法[J]. 光电子·激光,2015,26(9): 1806-1813.

1. ICA 与 NICA 算法

ICA 是一个典型的盲源分离算法,其目标是在仅给出观测数据 X 的情况下,根据独立性测度,通过寻找一种线性变换分离出源信号,即

$$Y = W \cdot X = U \cdot S \tag{4-12}$$

式中,$Y = [y_1, y_2, \cdots, y_L]^T \in \mathbf{R}^{L \times N}$ 是源信号 S 的估计,W 是通过最大化 Y 成分间的独立性得到的分离矩阵。通常情况下,独立性测度采用峭度、负熵和互信息等。

不同地物间的微弱的相关性使 ICA 能够应用于高光谱解混问题。然而,把端元光谱作为源信号不能提供足够的统计特征信息,故多选择丰度作为源。在线性混合模型下直接应用 ICA 算法解混,会导致丰度出现负值,与 ANC 不符。可将 NICA 算法应用到高光谱图像解混中,算法实现过程如下:

首先,对观测数据进行白化处理,去除二阶相关性。但是,对于高光谱图像解混,数据维数比较大,大大增加了计算量,需要首先对数据进行降维处理。可对传统白化过程从以下三方面进行改进:

(1) 对原始观测数据 X 不进行去均值处理,保证估计出的丰度是非负的。

(2) 求原始数据的自相关矩阵 $C = X \cdot X^T / N$,确保丰度向量间是相关的。

(3) 利用主成分分析算法(principal components analysis,PCA)求 C 的前 P 个较大特征值组成的对角矩阵 D_P 和对应的特征向量矩阵 E_P,利用公式 $V = D_P^{-1/2} \cdot E_P^T \in \mathbf{R}^{P \times L}$ 求出白化矩阵,从而使白化后的数据同时得到降维 $X' = V \cdot X \in \mathbf{R}^{P \times N}$,此时,式(4-12)可以变换为

$$Y = W \cdot X' \tag{4-13}$$

然后,对白化后的数据进行旋转,使所有数据尽可能落在正象限中,通过非负约束来实现。为了保证估计丰度非负,将目标函数定义为

$$J_{\text{NICA}}(Y) = \frac{1}{2} \text{trace}(Y\_Y\_^T) \tag{4-14}$$

式中,$Y\_ = \min(Y, 0)$ 是矩阵 Y 的负值部分,若 Y 是非负的,$J_{\text{NICA}}(Y)$ 接近于 0;否则,$J_{\text{NICA}}(Y)$ 是一个较大的正数;trace 是矩阵求迹函数。

2. 目标函数与约束条件

线性混合模型中的 ASC 条件要求,对于每个像素,其各个端元丰度之和必须为 1,定义目标函数为

$$J_{\text{ASC}}(Y) = \frac{1}{2} \| \lambda(I^T \cdot Y - 1) \|^2 \tag{4-15}$$

式中,λ 是一个较大的正数,I 为全"1"列向量,当丰度矩阵中每个像素的丰度满

足 ASC 时,$J_{ASC}(\boldsymbol{Y})$ 接近于 0,否则,$J_{ASC}(\boldsymbol{Y})$ 是一个较大的正数。

结合式(4-14)和式(4-15),可以得到基于 CNICA 算法的目标函数

$$\min J = J_{NICA}(\boldsymbol{Y}) + \phi J_{ASC}(\boldsymbol{Y}) \tag{4-16}$$

将式(4-13)代入得 $\min J = J_{NICA}(\boldsymbol{W} \cdot \boldsymbol{X}') + \phi J_{ASC}(\boldsymbol{W} \cdot \boldsymbol{X}')$,式中只有 $\boldsymbol{W}$ 未知,该式可以简化为

$$\min J = J_{NICA}(\boldsymbol{W}) + \phi J_{ASC}(\boldsymbol{W}) \tag{4-17}$$

通过最小化式(4-17)得到解混矩阵 $\boldsymbol{W}$,从而,可以计算出丰度矩阵的估计为

$$\hat{\boldsymbol{S}} = \boldsymbol{W}\boldsymbol{X}' \tag{4-18}$$

式中,第 1 项能够使解混出的丰度满足非负条件,第 2 项可以实现丰度和为 1,两者结合可以确保丰度包含在特定的凸集中,以适应与真实丰度的分布情况。

3. 基于 CNICA 的布谷鸟搜索高光谱图像解混算法

算法中高光谱图像解混问题可以归结为对目标函数的优化求解问题,即采用布谷鸟搜索算法对式(4-17)进行优化求解,得到解混矩阵 $\boldsymbol{W}$。对于 P 个端元,解混矩阵 $\boldsymbol{W}$ 为 $P \times P$ 维,求解参数维数为 $D = P^2$,随着端元个数增加,维数迅速增加,计算量也随之增大。为了减少参数维数并缩小布谷鸟搜索算法群体搜索范围,利用矩阵 QR 分解理论,将对解混矩阵的搜索转换为对一系列 Gives 矩阵的识别,参数维数降低至 $d = C_P^2$,从而减小了计算量。将解混矩阵 $\boldsymbol{W}$ 转换为 Gives 矩阵乘积的形式如下:

$$\boldsymbol{W} = \boldsymbol{T}_{P-1} \cdot \boldsymbol{T}_{P-2} \cdot \cdots \cdot \boldsymbol{T}_1$$
$$\boldsymbol{T}_1 = \boldsymbol{T}_{1P} \cdot \boldsymbol{T}_{1,P-1} \cdot \cdots \cdot \boldsymbol{T}_{12}; \boldsymbol{T}_2 = \boldsymbol{T}_{2P} \cdot \boldsymbol{T}_{2,P-1} \cdot \cdots \cdot \boldsymbol{T}_{23},$$
$$\boldsymbol{T}_{P-1} = \boldsymbol{T}_{P-1,P} \tag{4-19}$$

式中,$\boldsymbol{T}_{fq}$ 是 P 阶旋转矩阵,旋转角度 $\theta \in [0, 2\pi]$。式(4-19)表明,$\boldsymbol{W}$ 为 C_P^2 个 Gives 矩阵的乘积,每个 Gives 矩阵只有一个位置元素 θ,参数维数降低了 $P^2 - C_P^2 = \dfrac{P(P+1)}{2}$。

使用布谷鸟搜索算法的对式(4-17)进行优化的步骤可以概括如下。

(1)初始化种群,设置巢个数为 M,搜索空间维数为 $d = C_P^2$,随机初始化巢位置 $\mathbf{pos}_0 = [\theta_1^{(0)}, \theta_2^{(0)}, \cdots, \theta_M^{(0)}]^T$,计算每个巢的目标函数的适度值,记录当前的最优适度值 $f_{\min}$ 和最优位置 $\theta_b^{(0)}, b \in \{1, 2, \cdots, M\}$。

(2)保留前一代最优巢位置 $\mathbf{pos}_b^{(t-1)}$,其中 $t \in [1, T_{\max}]$,对鸟巢位置进行更新,并与上一代巢的位置进行比较,将适应值较好的巢作为当前最好位置,$\mathbf{gpos}_t =$

$[\theta_1^{(t)},\theta_2^{(t)},\cdots,\theta_M^{(t)}]^{\mathrm{T}}$。

（3）每个巢以 $0\sim1$ 的服从均匀分布的随机数 r_d 与被宿主发现的概率 p_a 进行比较。若满足 $r_d\leqslant p_a$，则保存当前最好位置；否则，随机改变该部分巢位置，与当前最优位置比较，更新得到一组新的巢位置 $\mathbf{pos}_t=[\theta_1^{(t)},\theta_2^{(t)},\cdots,\theta_M^{(t)}]^{\mathrm{T}}$。

（4）计算（3）中得到的 $\mathbf{pos}_t$ 的最优巢位置 $\mathbf{gpos}_b^{(t)}$ 和相应的最优适度值 $f_{\min}$，并进行判断。若满足迭代终止条件，则输出全局最优值和对应的全局最优位置，反之，则返回（2）继续循环更新。算法中将达到最大迭代次数作为终止条件。

（5）将最优巢位置 $\mathbf{gpos}_b^{(t)}$ 代入式（4-19）得到解混矩阵 $\mathbf{W}$，根据式（4-18）丰度估计 $\hat{\mathbf{S}}$。

（6）端元光谱 $\hat{\mathbf{A}}$ 可通过非负最小二乘方法或者非负矩阵分解方法求解。

4. 实验结果与分析

将 CNICA 算法与 VCA、N-FINFR 和 MVSA 等高光谱解混方法进行比较分析。其中，VCA 和 N-FINFR 算法都属于端元提取算法，不能估计出丰度矩阵，因此采用 FCLS 算法对丰度进行估计。

在实验中，采用所有端元 SAD 和 RMSE 的平均值来比较不同算法的解混性能，得到的数据都是在运行程序 20 次后取平均值的结果。实验参数设置如下：目标函数中的权重参数 $\phi=0.008$；布谷鸟搜索算法中，迭代步长 $\alpha=0.01$，巢的数目 $M=25$，布谷鸟的卵被宿主发现的概率为 $p_a=0.25$，循环迭代次数 $T_{\max}=2000$。

实际遥感数据采用由高光谱数字图像采集实验仪器（hyperspectral digital imagery collection experi-ment，HYDICE）于 1995 年 10 月拍摄的美国得克萨斯州的 Urban 高光谱数据集（http://www.tec.army.mil/hypercube）对所提出算法性能进行评估。该数据集大小为 307×307 像素，每个像素对应 $2\times2\mathrm{m}^2$，波长范围为 $0.4\sim2.5\mu\mathrm{m}$，分辨率是 $10\mathrm{nm}$，共有 210 个波段，通过在第 80 波段获取该数据集的灰度图像如图 4-5 所示。其中，1～4、87、136～153 以及 198～210 波段因是水吸收波段或信噪比较低而被移除，其余 162 个波段被用于实验。根据分析该图像中共有 4 种端元，分别为沥青、草地、屋顶和树木。数据集的地面实况获取方法主要有 3 个步骤：首先，采用虚拟维数（virtual dimensionality，VD）算法确定端元个数；然后，从高光谱数据集中手动提取参考端元光谱，使这些光谱与 USGS 矿物光谱库提供的光谱具有很大的相似性；最后，基于求得的参考端元，通过求解一个有约束的凸优化问题来获取对应的丰度矩阵，可以利用全约束最小二乘法来实现。

图 4-5　Urban 数据的灰度图

利用 CNICA 算法对该数据解混得到的 4 种地物的丰度分布如图 4-6 所示,观察可知,解混结果与真实分布比较吻合。为了定量的评估算法性能,将各

(a) 沥青 　　　　　　　　　　 (b) 草地

(c) 屋顶 　　　　　　　　　　 (d) 树木

图 4-6　Urban 数据解混结果

种算法解混得到的光谱与手动选取得到的参考光谱比较,计算比较相应算法解混得到的 SAD 值,如表 4-1 所示,比较可得,CNICA 算法解混得到 4 种地物 SAD 的平均值最小,解混效果最好。

表 4-1　Urban 数据的 SAD 比较

算　法		CNICA	VCA	NFINDR	MVSA
地物	沥青	0.3025	0.2110	0.1928	0.2345
	草地	0.2255	1.9108	1.7256	1.5359
	屋顶	0.3128	0.2432	0.0835	0.3750
	树木	0.3940	0.7670	0.1706	0.7199
平均值		0.3087	0.7830	0.5431	0.7163

可见,基于非负 ICA 的布谷鸟搜索高光谱解混算法,利用布谷鸟搜索算法优异的全局优化能力完成了解混过程中的最优化工作,克服了传统梯度类优化方法固有的局部收敛问题和优化求解过程数学推导复杂等实际问题,更好地实现了高光谱图像的解混工作。同时,在优化过程中,利用矩阵的 QR 分解理论,将对解混矩阵的搜索转换为对一系列 Gives 矩阵的识别,减少了参数维数并缩小 CS 算法群体搜索范围,能够实现高效解混。

4.3.2　基于去噪降维和蝙蝠优化的高光谱图像线性解混算法

有效降维可以降低高光谱图像中的噪声,提高算法的抗噪声能力。主成分分析(principal components analysis,PCA)是目前广泛使用的降维算法,其不足是容易丢失一些无法用二阶统计特性表示的有用信息,抗噪声能力差。为减小噪声对解混算法性能的影响,可以采用基于奇异值分解去噪的正交子空间投影的降维方法。该方法能够克服传统主成分分析的缺点,在降维过程中有效提高算法的抗噪能力。同时,采用收敛性能更佳的仿生智能优化算法——蝙蝠算法(bat algorithm,BA)优化目标函数,能够很好地解决传统梯度算法存在的不足,提高解混算法的稳定性,从而得到一种基于去噪降维和蝙蝠优化的高光谱图像线性解混算法[①]。

---

　　① 贾志成,薛允艳,陈雷,等. 基于去噪降维和蝙蝠优化的高光谱图像盲解混算法[J]. 光子学报,2016,45(5):511001.

1. 基于去噪原理的降维方法

对正交子空间投影（orthogonal subspace projection，OSP）的降维方法进行改进，在降维前先去噪，提出基于奇异值分解去噪的正交子空间投影（singular value decomposition denoising-orthogonal subspace projection，SVDD-OSP）的降维方法。首先借鉴 VCA 算法对数据降维处理以消除噪声影响的思路，利用 SVD（singular value decomposition）投影技术将原始数据投影到低维空间，然后利用投影变换的逆变换将降维后的数据恢复，实现去噪，即得到去噪后的高光谱图像；再通过 OSP 方法降维至 P 个端元，从而使得高光谱图像噪声有效地去除并保护降维过程中易丢失的数据特征，抗噪声能力明显提高。

基于奇异值分解去噪的正交子空间投影降维算法的步骤如下。

（1）将 L 维的原始数据 Y 去均值得到新的数据 Y_1。

（2）选择利用 SVD 投影技术，将 Y_1 降维至 $P-1$ 维数据。

（3）利用投影变换的逆变换将降维后的数据 Y_1 恢复为 L 维数据 Y_2，实现去噪。

（4）将 Y_2 加上均值恢复原始数据 Y。

（5）利用正交基投影，取具有最大投影值的像元为新端元，再通过伪逆矩阵变换运算重新确定一个正交投影方向。

（6）将所有像元向该方向投影，实现高光谱图像的降维。

（7）将降维后的数据再经过白化处理，达到去相关的目的，得到最终的预处理结果。

经过降维后，将盲信号分离算法应用于高光谱图像解混，丰度非负及和为 1 约束作为目标函数，利用蝙蝠算法来优化求解目标函数，从而实现高光谱图像解混。

2. 基于丰度约束的目标函数

高光谱遥感图像中，端元丰度存在非负及和为 1 约束，破坏了传统盲信号分离算法要求各成分独立的前提，使得盲信号分离算法难以直接用于高光谱图像解混。为解决该问题，将丰度非负及和为 1 约束加入到目标函数中，尽管可以使解混结果在满足约束条件的同时尽可能减小它们的互信息，但在实际中概率密度函数难以获取且算法的计算量大。针对该问题进行改进，只将丰度非负及和为 1 约束作为分离的目标函数，提高算法的解混速度。

3. BA-CBSS 算法的基本流程

针对传统的盲信号分离应用于高光谱图像解混的局限性，将丰度非负和丰度和为 1 约束作为盲源分离的目标函数。将高光谱图像解混转化为最优化问题,引入蝙蝠算法(BA)对目标函数进行优化求解,得到解混矩阵 $\boldsymbol{W}$。利用矩阵 QR 分解理论,对解混矩阵 $\boldsymbol{W}$ 的搜索等价于对一系列 Gives 矩阵的辨识。

将解混矩阵 $\boldsymbol{W}$ 转换为 Gives 矩阵乘积的形式为

$$\boldsymbol{W} = \boldsymbol{T}_{P-1} \cdot \boldsymbol{T}_{P-2} \cdots \boldsymbol{T}_1 = \begin{bmatrix} q_{11} & q_{12} & \cdots & q_{1P} \\ q_{21} & q_{22} & \cdots & q_{2P} \\ \cdots & \cdots & \ddots & \cdots \\ q_{P1} & q_{P2} & \cdots & q_{PP} \end{bmatrix} \tag{4-20}$$

$$\boldsymbol{T}_1 = \boldsymbol{T}_{1P} \cdot \boldsymbol{T}_{1,P-1} \cdots \boldsymbol{T}_{12}; \boldsymbol{T}_2 = \boldsymbol{T}_{2P} \cdot \boldsymbol{T}_{2,P-1} \cdots \boldsymbol{T}_{23}; \cdots; \boldsymbol{T}_{P-1} = \boldsymbol{T}_{P-1,P} \tag{4-21}$$

$$\boldsymbol{q}_{ij}(\theta_1, \theta_2, \cdots, \theta_i, \cdots, \theta_{C_P^2},) = \boldsymbol{w}_{ij}$$
$$i = 1, 2, \cdots, P; \quad j = 1, 2, \cdots, P \tag{4-22}$$

式中,$\boldsymbol{T}_{fq}$ 是 P 阶旋转矩阵,旋转角度 $\theta \in [0, 2\pi]$,对于 P 个端元的解混问题,$\boldsymbol{W}$ 为 C_P^2 个 Gives 矩阵的乘积,每个 Gives 矩阵只有一个未知元素 $\boldsymbol{\theta}$,这个 $\boldsymbol{\theta}$ 即蝙蝠算法最终搜索的最优位置,因此对解混矩阵 $\boldsymbol{W}$ 的优化求解问题则转化为对角度向量 $\boldsymbol{\theta}$ 的优化求解问题。得到 $\boldsymbol{W}$ 后即可得到丰度的估计值,再用混合矩阵除以丰度矩阵的逆从而获取端元矩阵,实现高光谱图像的解混。

4. 实验分析

采用真实遥感数据实验测试算法的性能。实验中,蝙蝠算法的参数设置为,最小频率 $f_{max} = 0$,最大频率 $f_{max} = 1$,响度 $A = 0.5$,脉冲频率 $r = 0.5, \partial = 0.6$,$\gamma = 0.9$,最小惯性权重 $w_{min} = 0.4$,最大惯性权重 $w_{max} = 0.9$。BA-CBSS 算法的参数统一设置为,$\eta_1 = 50/N$,$\eta_2 = 10/N$。

实验采用了由机载可见光及红外成像光谱仪(airborne visible /infrared imaging spectrometer,AVIRIS)拍摄于美国印第安纳州 Pine 测试点的 Indiana 数据(http://cobweb.ecn.purdue.edu/biehl/Multi-Spec)。它成像于 1992 年 6 月,成像区域为美国印第安纳州的派恩遥感测试点,该数据有 220 个波段,波长范围从 0.4~2.5μm,光谱分辨率为 10nm,空间分辨率为 17nm。实验所用的图像大小为 145×145 像素。在第 70、86、136 波段获取的该数据集的灰度图像如图 4-7 所示。该数据已被广泛地用于遥感图像的分类研究,覆盖该区域的典型地物包括玉米、大豆、干草堆、树木、草地、公路、石塔和一些房屋。在进行处理之前,该数据的第 1~4、103~113 以及 148~166 波段由于信噪比太低或为水吸收波段而被移除,剩下 188 个波段被用于进一步处理。为定量衡量算法的性能,根据地物真实报告所提供的分布情况对端元进行手动提取,总共提取了 6

个端元光谱,分别对应玉米地、树木、大豆地、建筑物、干草堆和草地。

图 4-7　Indiana 数据的灰度图

　　BA-CBSS 的丰度解混结果和手动提取的端元参考光谱与 BA-CBSS 算法解出的端元光谱比较如图 4-8 和图 4-9 所示。在图 4-8 中,图像中像元的亮度与相应地物的含量成正比,较亮的像元处含较多的相应地物。从图 4-9 可以看出,提取的 6 个端元中,有 5 个端元解混后的光谱曲线与标准光谱基本吻合,还有一个端元的光谱有较大的区别(如图 4-9(d)所示)。图 4-9(d)是建筑物,因为

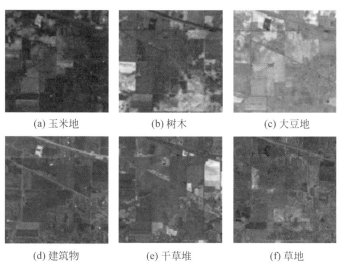

(a) 玉米地　　　　　　(b) 树木　　　　　　(c) 大豆地

(d) 建筑物　　　　　　(e) 干草堆　　　　　　(f) 草地

图 4-8　Indiana 数据的丰度分解结果

建筑物极易受含水量、阴影等因素的影响,再加上地物和大气的散射、地表的粗糙度、坡度等对其的影响,导致了它的端元光谱发生变化,所以用 BA-CBSS 算法解混的结果并不理想。但总体来看,解混的结果与真实分布是较吻合的。为了进一步衡量算法的性能,将手动提取的参考光谱与所有算法解出的光谱进行比较,求出它们的光谱角。

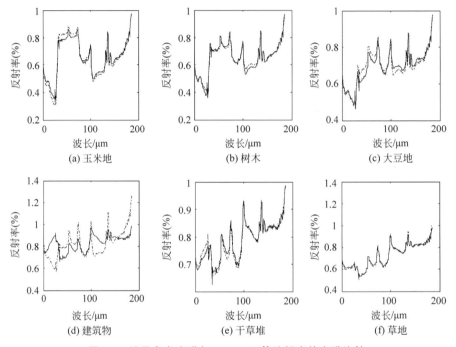

图 4-9 端元参考光谱与 BA-CBSS 算法解出的光谱比较

表 4-2 给出了 BA-CBSS、VCA、MVSA 和 CNMF 这 4 种不同算法解混所得的光谱角。由此可见,BA-CBSS 算法解混的结果明显地优于其他算法。

表 4-2 Indiana 数据的光谱角比较

算　　法		BA-CBSS	VCA	MVSA	CNMF
端元	玉米地	0.0339	0.0645	0.2380	0.2952
	树木	0.0228	0.1378	0.4153	0.4052
	大豆地	0.0377	0.0751	0.1067	0.3662

续表

算　　法		BA-CBSS	VCA	MVSA	CNMF
端元	建筑物	0.1351	0.1381	0.7508	0.8425
	干草堆	0.0125	0.2156	0.3115	0.3262
	草地	0.0140	0.2156	0.3243	0.2496
平均值		0.0427	0.1145	0.3243	0.4142

4.4　基于仿生智能优化的高光谱图像非线性解混方法

4.4.1　基于微分搜索的高光谱图像非线性解混算法[①]

GBM 具有较强的通用性，可以很好地描述光谱混合的非线性物理特性，微分搜索(differential search，DS)算法是一种性能优异的仿生智能优化算法。基于微分搜索的高光谱图像非线性解混新算法在 GBM 下，从最优化理论出发，利用微分搜索算法优异的全局优化求解能力，能够克服传统梯度类优化方法易陷入局部收敛的缺点，从而有效实现高光谱图像的解混。

从最优化理论出发研究高光谱图像非线性解混，重点要解决两个问题。

(1) 目标函数的构造。

(2) 利用优化算法对目标函数进行优化求解，得到实现非线性解混的丰度值和非线性参数。

1. 目标函数与约束条件

基于微分搜索的算法采用重构误差作为评价参数估计效果的测度。在 GBM 中，高光谱成像仪观测得到的图像中单像素点观测值为 $\boldsymbol{y}$，采用基于几何的端元估计方法得到的端元光谱矩阵为 $\hat{\boldsymbol{M}}$。设算法估计出的丰度为 $\hat{\boldsymbol{a}} = [\hat{a}_1,\hat{a}_2,\cdots,\hat{a}_R]^{\mathrm{T}}$，估计出的表征端元间相互作用程度的非线性参数为 $\hat{\gamma}_{i,j}$。则重构出的该像素点高光谱图像向量为

$$\hat{\boldsymbol{y}}_{\mathrm{GBM}} = \hat{\boldsymbol{M}}\hat{\boldsymbol{a}} + \sum_{i=1}^{R-1}\sum_{j=i+1}^{R}\hat{\gamma}_{i,j}\hat{a}_i\hat{a}_j\hat{\boldsymbol{m}}_i \odot \hat{\boldsymbol{m}}_j \qquad (4\text{-}23)$$

---

① 陈雷，郭艳菊，葛宝臻. 基于微分搜索的高光谱图像非线性解混算法[J]. 电子学报，2017，45(2)：337-345.

如果丰度和非线性参数估计正确,则观测值 $\boldsymbol{y}$ 和重构值 $\hat{\boldsymbol{y}}_{GBM}$ 将非常接近,据此构造目标函数

$$J(\hat{\boldsymbol{a}},\hat{\boldsymbol{\gamma}}) = \parallel \boldsymbol{y} - \hat{\boldsymbol{y}}_{GBM} \parallel^2 \tag{4-24}$$

式中,$\parallel \cdot \parallel$ 为 2-范数,$\hat{\boldsymbol{\gamma}} = [\hat{\gamma}_{1,2},\hat{\gamma}_{1,3},\cdots,\hat{\gamma}_{1,R},\hat{\gamma}_{2,3},\hat{\gamma}_{2,4},\cdots,\hat{\gamma}_{2,R},\cdots,\hat{\gamma}_{R-1,R}]^T$。则高光谱图像非线性解混问题转换为式(4-25)的最优化问题。算法的解混过程即为求解使目标函数 $J(\hat{\boldsymbol{a}},\hat{\boldsymbol{\gamma}})$ 达到最小值的丰度向量 $\hat{\boldsymbol{a}}$ 和非线性参数向量 $\hat{\boldsymbol{\gamma}}$ 的过程。

$$\min J(\hat{\boldsymbol{a}},\hat{\boldsymbol{\gamma}}) = \parallel \boldsymbol{y} - \hat{\boldsymbol{y}}_{GBM} \parallel^2 \tag{4-25}$$

式中,丰度 $\hat{\boldsymbol{a}}$ 为每个像素中各端元成分所占比例值,求解过程必须保证 $\hat{\boldsymbol{a}}$ 中各元素的非负特性约束(ANC)以及和为 1 约束(ASC)。同时,非线性参数向量 $\hat{\boldsymbol{\gamma}}$ 还要满足 $0 \leqslant \gamma_{i,j} \leqslant 1$ 的要求。由于算法利用仿生智能优化算法进行目标函数的求解,所以将在优化求解过程中,通过在差分搜索算法进化过程执行搜索范围控制等机制保证算法满足约束要求。

传统对目标函数进行优化求解的方法主要是梯度类优化方法,需要对目标函数进行求导计算,从而推导出算法的迭代公式。而本文采用仿生智能优化算法对构造的目标函数进行优化求解,无须进行复杂的公式推导,直接对目标函数进行优化求解即可,求解过程体现出的物理意义更加明确。并且其更主要的优势体现在:新兴的仿生智能优化算法具有更加优异的全局优化能力,可以有效克服传统梯度类优化方法易收敛于局部极值而影响解混效果的缺点,得到的解混算法具有更好的鲁棒性和更高的解混精度。

2. 优化求解过程与算法流程

算法中将高光谱图像的非线性解混问题归结为针对式(4-25)的最优化问题。利用 DS 算法对目标函数进行优化求解,从而得到单像素点的丰度向量 $\hat{\boldsymbol{a}} = [\hat{a}_1,\hat{a}_2,\cdots,\hat{a}_R]^T$ 和非线性参数向量 $\hat{\boldsymbol{\gamma}} = [\hat{\gamma}_{1,2},\hat{\gamma}_{1,3},\cdots,\hat{\gamma}_{1,R},\hat{\gamma}_{2,3},\hat{\gamma}_{2,4},\cdots,\hat{\gamma}_{2,R},\cdots,\hat{\gamma}_{R-1,R}]^T$。通过对高光谱图像所有像素点重复进行基于 DS 算法的优化求解过程,最终实现整幅图像的非线性解混工作。

针对某一像素点进行优化求解,首先要解决解混过程中待求变量与 DS 算法中位置变量的对应映射问题,即进行 DS 算法中搜索个体的位置编码。算法中的待求变量是式(4-25)中丰度向量 $\hat{\boldsymbol{a}}$ 的各丰度值和非线性参数向量 $\hat{\boldsymbol{\gamma}}$ 的各参数值。则针对存在 R 种端元成分的高光谱图像解混问题,搜索个体的位置编码为 $(\hat{a}_1,\hat{a}_2,\cdots,\hat{a}_R,\hat{\gamma}_{1,2},\hat{\gamma}_{1,3},\cdots,\hat{\gamma}_{1,R},\hat{\gamma}_{2,3},\hat{\gamma}_{2,4},\cdots,\hat{\gamma}_{2,R},\cdots,\hat{\gamma}_{R-1,R})$。如当

$R = 3$ 时,搜索个体的位置编码为 $(\hat{a}_1, \hat{a}_2, \hat{a}_3, \hat{\gamma}_{1,2}, \hat{\gamma}_{1,3}, \hat{\gamma}_{2,3})$,搜索个体将在 6 维空间按照 DS 算法的搜索策略进行最优解的搜索。

在搜索群体的搜索过程中,为保证算法得到的解满足 $(\hat{a}_1, \hat{a}_2, \cdots, \hat{a}_R)$ 的 ANC 要求和 $(\hat{\gamma}_{1,2}, \hat{\gamma}_{1,3}, \cdots, \hat{\gamma}_{1,R}, \hat{\gamma}_{2,3}, \hat{\gamma}_{2,4}, \cdots, \hat{\gamma}_{2,R}, \cdots, \hat{\gamma}_{R-1,R})$ 的 $0 \leqslant \gamma_{i,j} \leqslant 1$ 要求,算法将进行搜索范围控制,即将 DS 算法中搜索个体的 up_j 和 low_j 设置为 $\mathrm{up}_j = 1$ 和 $\mathrm{low}_j = 0$。为保证 $(\hat{a}_1, \hat{a}_2, \cdots, \hat{a}_R)$ 的 ASC 要求,在搜索群体每代进化结束后对求得的解中的 $(\hat{a}_1, \hat{a}_2, \cdots, \hat{a}_R)$ 进行归一化处理。

基于 DS 算法的高光谱图像非线性解混算法的流程如下。

(1) 利用 VCA 对实际高光谱图像进行端元提取。

(2) 根据高光谱图像中的端元数目 R 确定搜索个体的维数和位置编码。

(3) 按照 DS 算法的初始化原理在搜索空间产生一定数量的搜索个体,设定 $\mathrm{up}_j = 1$ 和 $\mathrm{low}_j = 0$。

(4) 按照式(4-25)中的目标函数计算各搜索个体的适应度值。

(5) 计算新的经停位置 **StopoverSite**$_i$,同时对 **StopoverSite**$_i$ 进行边界控制。

(6) 比较每个搜索个体的当前位置 $\boldsymbol{X}_i$ 和其经停位置 **StopoverSite**$_i$ 的适应度值,如果 **StopoverSite**$_i$ 的适应度值小于 $\boldsymbol{X}_i$,则由 **StopoverSite**$_i$ 代替 $\boldsymbol{X}_i$ 作为该搜索个体的当前位置,否则仍然保留搜索个体的当前位置 $\boldsymbol{X}_i$。

(7) 对 $\boldsymbol{X}_i$ 中的 $(\hat{a}_1, \hat{a}_2, \cdots, \hat{a}_R)$ 部分进行归一化。

(8) 如果已经达到最大进化代数,则输出当前搜索群体中最优搜索个体的位置: $(\hat{a}_1, \hat{a}_2, \cdots, \hat{a}_R, \hat{\gamma}_{1,2}, \hat{\gamma}_{1,3}, \cdots, \hat{\gamma}_{1,R}, \hat{\gamma}_{2,3}, \hat{\gamma}_{2,4}, \cdots, \hat{\gamma}_{2,R}, \cdots, \hat{\gamma}_{R-1,R})$,从而得到丰度向量 $\hat{\boldsymbol{a}} = [\hat{a}_1, \hat{a}_2, \cdots, \hat{a}_R]^{\mathrm{T}}$ 和非线性参数向量 $\hat{\boldsymbol{\gamma}} = [\hat{\gamma}_{1,2}, \hat{\gamma}_{1,3}, \cdots, \hat{\gamma}_{1,R}, \hat{\gamma}_{2,3}, \hat{\gamma}_{2,4}, \cdots, \hat{\gamma}_{2,R}, \cdots, \hat{\gamma}_{R-1,R}]^{\mathrm{T}}$。否则,转到(4)进行下一代的进化搜索过程。

(9) 如果已经对高光谱图像中的所有像素进行了解混,则停止计算;否则,返回(3),针对下一个像素执行解混工作。

3. 实验分析

1) 仿真数据实验

仿真数据实验中的数据选自美国地质勘测局(United States Geological Survey,USGS)提供的矿物光谱库(http://speclab.cr.usgs.gov/spectral-lib.html),库中的光谱曲线数据为 224 个波段,从库中选择 3 种成分的光谱作为端元光谱(alunite,andradite,buddingtonite),光谱曲线如图 4-10 所示。

按照线性混合模型(LMM)和非线性混合模型(GBM 和 hybrid model,

HM)分别产生 3 幅 10×10 像素的合成图像 Image1、Image2 和 Image3。其中，丰度值 $a_k(p)$ 在保证和为 1 的前提下，在 $0 \sim 0.8$ 范围内随机产生，以保证图像中不包含纯像元。非线性参数 $\gamma_{i,j}$ 在 $0 \sim 1$ 范围内选取。hybrid model 的图像中，一半为 LMM 混合图像，另一半为 GBM 混合图像。针对该图像的实验是为验证 GBM 作为广义模型对非线性混合和线性混合场景的广义适应性。

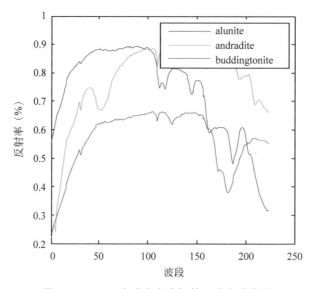

图 4-10　USGS 光谱库中选择的 3 种光谱曲线

在利用基于微分搜索的算法对高光谱图像进行解混之前，需要事先确定端元光谱。为评估端元提取方法对解混算法性能的影响，在两种实验条件下进行解混。

实验 1：采用光谱库中的真实端元光谱作为端元。

实验 2：采用端元提取算法提取出的端元（选用 VCA 算法）。

在进行两种实验时，算法的参数设置：DS 算法种群规模 $N=30$，维数 $D=6$，进化代数 $G=80$，$up_j=1$，$low_j=0$。所有合成高光谱图像均加入方差 $\sigma=2.8 \times 10^{-3}$ 的高斯白噪声作为干扰成分。实验结果数据均为基于微分搜索的算法和对比算法各自独立运行 20 次的统计平均值。

实验 1　采用光谱库中的真实端元光谱进行解混。

表 4-3 所示为将光谱库中的真实光谱作为端元时，基于微分搜索的算法与 Bayes 算法、FCLS 算法、SUnSAL 算法和 GBM-GDA 算法 4 种算法的解混性能进行比较。其中，Bayes 算法、FCLS 算法和 SUnSAL 算法为 3 种性能优良的高

光谱图像线性解混算法,GBM-GDA 算法为新近提出的基于 GBM 模型和梯度优化的非线性解混算法。由表 4-3 中数据可知,对于 Image1(LMM)、Image2 (GBM)和 Image3(HM)3 种混合图像,基于微分搜索的算法获得了总体最优的解混效果,且针对非线性混合图像的解混具有明显优势。

由于 GBM 模型既能很好地描述高光谱图像混合的非线性特性,又能涵盖线性混合模型。因此,Bayes 算法、FCLS 算法、SUnSAL 算法、GBM-GDA 算法和基于微分搜索的算法 5 种算法均能够较好地实现图像 Image1 的解混。基于微分搜索的算法由于采用了 DS 算法进行目标函数的优化求解,获得了非常优异的解混精度。

对于图像 Image2 和 Image3,由于两幅图像中均存在非线性混合效应,Bayes 算法、FCLS 算法和 SUnSAL 算法 3 种线性解混算法的解混性能不佳,GBM-GDA 算法和基于微分搜索的算法的性能明显优于这 3 种线性解混算法,获得了较好的解混效果。同时,由于基于微分搜索的算法使用了 DS 算法完成解混工作,较之采用梯度优化方法具有更好的全局收敛性和更高的优化精度。因此,基于微分搜索的算法获得了比 GBM-GDA 算法更高的解混精度。

表 4-3 算法解混性能(真实端元)

算 法		Bayes	FCLS	SUnSAL	GBM-GDA	本算法
RE (×10⁻²)	Image1	7.96	5.26	5.25	5.26	5.25
	Image2	8.83	6.73	6.47	5.96	5.25
	Image3	10.33	5.80	5.63	5.56	5.29
SAM (×10⁻²)	Image1	7.56	7.79	7.80	7.49	7.47
	Image2	8.82	7.02	7.04	6.97	6.79
	Image3	7.75	7.52	7.56	7.19	7.13
RMSE (×10⁻²)	Image1	2.52	2.62	2.51	2.65	2.52
	Image2	25.57	16.42	18.35	7.23	3.90
	Image3	18.79	9.74	8.57	4.52	3.52

实验 2 采用 VCA 算法提取出的端元光谱进行解混。

在实际端元未知的情况下,需要先用端元提取算法提取端元,此处采用 VCA 算法进行端元的提取。尽管 VCA 算法是一种线性模型下的端元提取算法,但对于非线性模型下的高光谱数据,仍然可以利用 VCA 这类基于几何原理的端元提取算法进行端元提取。

由表 4-4 数据可知,当端元为从高光谱图像中提取时,包括基于微分搜索的算法在内的 5 种解混算法的部分性能指标会略有下降,但整体变化不大。这说明在进行非线性解混时,采用 VCA 等基于几何理论的端元提取算法提取端元是可行的。同样,基于微分搜索的算法仍然获得了总体最优的解混效果。

表 4-4　算法解混性能(估计端元)

算　　法		Bayes	FCLS	SUnSAL	GBM-GDA	本算法
RE ($\times 10^{-2}$)	Image1	7.33	5.24	5.26	5.25	5.24
	Image2	10.54	7.26	7.11	5.38	5.28
	Image3	8.10	6.43	6.85	5.95	5.29
SAM ($\times 10^{-2}$)	Image1	8.33	7.92	8.06	7.22	7.21
	Image2	7.29	7.19	7.66	6.71	6.61
	Image3	7.85	7.57	7.72	7.66	7.36
RMSE ($\times 10^{-2}$)	Image1	4.77	4.56	4.35	4.33	4.31
	Image2	20.44	27.21	21.46	6.17	4.59
	Image3	19.61	14.46	11.17	7.27	5.71

2) 真实数据实验

进一步将基于微分搜索的算法应用于真实场景高光谱图像数据的解混,真实场景数据选用 Moffett Field 数据和 Jasper Ridge 数据两种高光谱图像数据。

(1) Moffett Field 数据。该数据源自 1997 年采集的美国加州 San Francisco Bay 南端的 Moffett Field 高光谱图像。该图像具有 189 个波段,波长范围为 400~2500nm,光谱分辨率为 10nm。实验选取 50×50 的子图像进行算法解混性能评估,该场景主要由植被、水域和土地这 3 种端元成分组成,其伪彩色图如图 4-11 所示。

(2) Jasper Ridge 数据。该数据源自 1994 年采集的加州地区的 Jasper Ridge 自然保护区的高光谱图像。该图像具有 224 个波段,波长范围为 380~2500nm,光谱分辨率为 9.46nm。在去除了 1~3、108~112、154~166 和 220~224 共 26 个波段的数据后(为去除水汽和大气影响),剩余 198 个有效波段数据。实验选取 100×100 的子图像进行算法解混性能的评估,该场景主要由树木、水域、土地和公路这 4 种端元成分组成,其伪彩色图如图 4-12 所示。

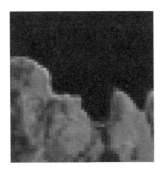

图 4-11　Moffett Field 的伪彩色图

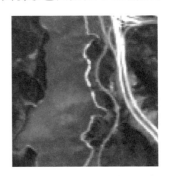

图 4-12　Jasper Ridge 的伪彩色图

为了实现全自动解混,端元提取方法仍然选用 VCA 算法。图 4-13 和图 4-14

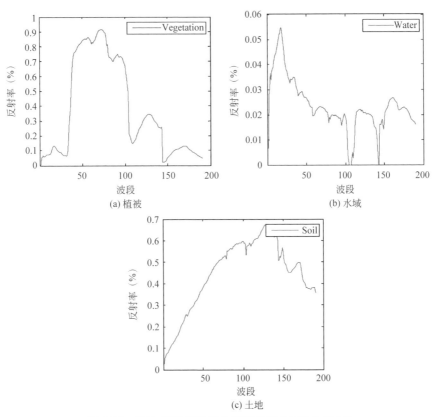

(a) 植被 (b) 水域 (c) 土地

图 4-13　VCA 提取出的端元光谱曲线(Moffett Field)

所示为利用 VCA 算法分别从两种场景高光谱图像数据中提取出的端元光谱曲线。图 4-15 和图 4-16 为采用基于微分搜索的算法解混得到的丰度图。通过对比分析可知,解混出的丰度与真实地物成分的分布是一致的。

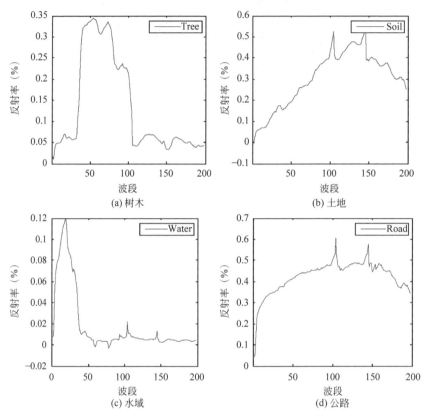

(a) 树木   (b) 土地

(c) 水域   (d) 公路

图 4-14　VCA 提取出的端元光谱曲线(Jasper Ridge)

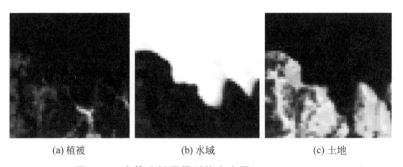

(a) 植被　　　　　　　(b) 水域　　　　　　　(c) 土地

图 4-15　本算法解混得到的丰度图(Moffett Field)

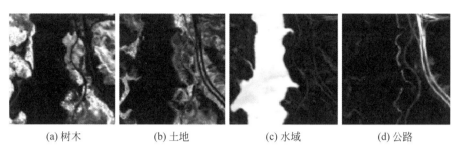

| (a) 树木 | (b) 土地 | (c) 水域 | (d) 公路 |

图 4-16 本算法解混得到的丰度图（Jasper Ridge）

为了定量评价基于微分搜索的算法对真实高光谱遥感数据的解混性能，采用 RE 和 SAM 两个指标对上述 5 种算法进行比较。5 种算法的解混性能如表 4-5 所示。与仿真数据实验得到的结果一致，基于微分搜索的算法的性能优于 Bayes 算法、FCLS 算法和 SUnSAL 算法三种线性解混算法，并且还优于基于梯度优化的非线性解混算法 GBM-GDA，具有最小的 RE 和 SAM 值。

表 4-5 真实数据算法解混性能

算　　法	Moffett Field		Jasper Ridge	
	RE （×10⁻²）	SAM （×10⁻¹）	RE （×10⁻²）	SAM （×10⁻²）
Bayes	2.67	2.559	6.02	10.92
FCLS	2.62	2.557	5.97	10.79
SUnSAL	2.82	2.637	6.11	13.57
GBM-GDA	2.34	2.558	5.96	10.49
本算法	2.27	2.551	5.05	9.68

上述实验中，基于梯度优化的 GBM-GDA 算法要求利用 FCLS 等线性解混算法对高光谱图像数据进行预解混以获得初始值，然后在此初值的基础上执行 GBM-GDA 算法。如果不进行预解混，而直接在丰度值和非线性参数值的约束范围内随机初始化初值，GBM-GDA 算法的性能将会急剧下降（如表 4-6 所示）。这是由于梯度类优化方法存在对初始值要求高的局限性，如果初始值选择不理想，很容易陷入局部收敛而导致解混精度降低。

而本算法只要在约束范围内随机初始化搜索个体的位置，即可获得前述优于其他算法的解混性能。其原因在于：采用基于仿生智能的优化方法完成解混工作,能够有效解决梯度类优化方法的局部收敛问题,所提出的非线性解混算法具有更好的鲁棒性和更高的解混精度。

表 4-6　真实数据算法解混性能(随机初始化)

算　　法	Moffett Field		Jasper Ridge	
	RE ($\times 10^{-2}$)	SAM ($\times 10^{-1}$)	RE ($\times 10^{-2}$)	SAM ($\times 10^{-2}$)
GBM-GDA	16.85	13.563	13.48	27.40
本算法	2.27	2.551	5.05	9.68

基于微分搜索的高光谱图像非线性解混算法在 GBM 的基础上采用重构误差作为解混的目标函数,将非线性解混问题转换为最优化问题。为了克服传统梯度类优化算法对初始值要求高、易陷入局部收敛的局限性,采用性能更加优异的仿生智能优化算法——微分搜索算法完成优化求解过程。该算法较之线性解混算法和基于梯度优化的非线性解混算法具有更高的解混精度。

4.4.2　基于回溯优化的高光谱图像非线性解混算法

为了减小非线性解混算法的计算复杂度、提高算法的解混精度,一些性能优良的双线性(bilinear)类非线性混合模型被相继提出,如 Fan 模型(fan model,FM)、广义双线性模型(generalized bilinear model,GBM)等。后非线性混合模型(postnonlinear mixing model,PNMM)是一类新颖的非线性混合模型。研究表明,PNMM 能够对存在多种混合物的复杂场景表述得更为准确,其相应的解混算法性能也会更优。因此,可以利用新型最优化方法在 PNMM 下进行高光谱图像的解混。

基于回溯优化的高光谱图像后非线性解混算法[①]是在后非线性混合模型(polynomial PNMM,PPNMM)的基础上,以观测图像与重构图像之间的重构误差为目标函数,使用回溯搜索算法(BSA)在解空间搜索使目标函数取得极小值的最优解。在搜索过程中,利用回溯搜索算法的边界控制机制有效保证了高光谱图像解混过程中的约束条件,进而有效实现对解混丰度值和非线性参数的精确估计。

---

① 陈雷,甘士忠,孙茜.基于回溯优化的非线性高光谱图像解混[J].红外与激光工程,2017,46(6):0638001.

1. 目标函数与约束条件

该算法基于 PPNMM 对整幅高光谱图像进行逐点解混,解混过程需要求解每个像素点的丰度向量 $\hat{\boldsymbol{a}}$ 和非线性参数 $\hat{b}$。据此对每一个像素点构造基于重构误差的目标函数:

$$J(\hat{\boldsymbol{a}},\hat{b}) = \| \boldsymbol{y} - \hat{\boldsymbol{y}}_{\text{PPNMM}} \|^2 \tag{4-26}$$

式中,$\boldsymbol{y}$ 为实际观测得到的高光谱图像像素点向量,$\hat{\boldsymbol{a}} = [\hat{a}_1, \hat{a}_2, \cdots, \hat{a}_R]^{\text{T}}$ 和 $\hat{b}$ 分别为算法解混得到的丰度向量和非线性参数,$\hat{\boldsymbol{y}}_{\text{PPNMM}}$ 为由 $\hat{\boldsymbol{a}}$ 和 $\hat{b}$ 混合得到的像素点向量。如果丰度向量和非线性参数估计准确,目标函数 $J(\hat{\boldsymbol{a}},\hat{b})$ 将取得极小值。采用 BSA 在解空间搜索实现最小化目标函数的 $\hat{\boldsymbol{a}}$ 和 $\hat{b}$。由于像素点向量:

$$\hat{\boldsymbol{y}}_{\text{PPNMM}} = \hat{\boldsymbol{M}} \cdot \hat{\boldsymbol{a}} + \hat{b}(\hat{\boldsymbol{M}} \cdot \hat{\boldsymbol{a}}) \odot (\hat{\boldsymbol{M}} \cdot \hat{\boldsymbol{a}}) \tag{4-27}$$

解混算法中需要事先求得估计的端元光谱矩阵 $\hat{\boldsymbol{M}}$。尽管该算法是针对非线性混合模型进行的解混,但仍然可以使用线性混合模型下的端元提取方法估计 $\hat{\boldsymbol{M}}$,故采用基于几何学的 VCA 算法对实际拍摄得到的高光谱图像进行 $\hat{\boldsymbol{M}}$ 的提取。

针对梯度优化过程中存在的引入约束条件困难问题,在使用 BSA 优化求解式(4-26)的目标函数过程中,为保证满足 ANC 约束,将 BSA 中的搜索上限 up_j 设为 1、搜索下限 low_j 设为 0。为保证满足 ASC 约束,在针对存在 R 个端元的图像解混时,将第 R 个端元的丰度值表示为

$$\hat{a}_R = 1 - \sum_{i=1}^{R-1} \hat{a}_i \tag{4-28}$$

算法中的该变换过程在保证满足约束条件的同时,减少了目标函数中需要求解参数的个数,降低了求解难度,即在 BSA 优化求解过程中需要求解的丰度值由 $(\hat{a}_1, \hat{a}_2, \cdots, \hat{a}_R)$ 变为 $(\hat{a}_1, \hat{a}_2, \cdots, \hat{a}_{R-1})$。

2. 位置参数编码与解混过程

采用 BSA 优化求解式(4-26)的目标函数过程中,首先要进行 BSA 中种群个体位置与目标函数中待求变量的映射编码。即确定种群个体在搜索空间中各维度上的位置变量值与丰度值 $[\hat{a}_1, \hat{a}_2, \cdots, \hat{a}_R]^{\text{T}}$ 和非线性参数 $\hat{b}$ 的对应关系。

由于解混过程中为满足 ASC 约束,进行了式(4-28)的变换,则映射结果为

$(\hat{a}_1, \hat{a}_2, \cdots, \hat{a}_{R-1}, \hat{b})$。例如,当高光谱图像中存在 $R=5$ 种端元时,BSA 的位置参数编码应为 $(\hat{a}_1, \hat{a}_2, \hat{a}_3, \hat{a}_4, \hat{b})$。BSA 中的生物群体将在 5 维空间中,搜索使目标函数 $J(\hat{a}, \hat{b})$ 取得极小值的空间位置,最终得到最优端元丰度值 $(\hat{a}_1, \hat{a}_2, \hat{a}_3, \hat{a}_4, 1-\sum_{i=1}^{4}\hat{a}_i)$ 和非线性参数 $\hat{b}$。在完成一个像素点的解混后,继续对图像中的下一个像素点进行解混,通过逐点分别解混最终完成对整幅高光谱图像的解混工作。算法具体步骤如下。

(1) 使用基于几何学的端元提取方法得到高光谱图像中的端元光谱曲线。

(2) 依据高光谱图像中的端元数目,确定搜索空间维数,在约束范围内随机产生 BSA 的搜索种群。

(3) 按照式(4-26)中的目标函数计算各搜索个体的适应度值。

(4) 按照搜索种群的产生方式生成历史种群 **oldP**,通过原始种群 **P** 和历史种群 **oldP** 之间的变异和交叉策略产生新的种群个体,并通过边界控制机制保证种群个体位置满足高光谱图像解混的约束条件。

(5) 使用贪婪选择原理将新种群中更优的搜索个体替换原有种群中的个体,同时更新当前种群的全局最优解 P_{best}。

(6) 如果已经达到最大进化代数,则输出当前种群中的全局最优解 P_{best}:$(\hat{a}_1, \hat{a}_2, \cdots, \hat{a}_{R-1}, \hat{b})$,结合式(4-28)得到丰度向量 $\hat{a}=[\hat{a}_1, \hat{a}_2, \cdots, \hat{a}_R]^{\text{T}}$ 和非线性参数 $\hat{b}$。否则,跳转至(3)。

(7) 如果已经完成了整幅图像的解混工作,则输出估计出的丰度值和非线性参数;否则,返回(2),继续进行图像中其他像素点的解混。

3. 实验分析

为了验证基于回溯优化的非线性高光谱图像解混算法的有效性,针对合成图像和真实遥感图像进行高光谱图像解混实验。构成合成图像的端元光谱从 U. S. Geological Survey(USGS)光谱库中提取。实际拍摄的真实图像数据选用 Samson 和 Jasper Ridge 两组高光谱遥感图像,这两个场景的高光谱遥感图像已被广泛应用于高光谱图像解混性能测试中。用于评估算法解混质量的性能指标为光谱角分布(SAM)、图像均方根误差 RMSE(X)和丰度均方根误差 RMSE(S)。

1) 合成图像解混实验

从 USGS 库中选择端元光谱进行合成图像解混实验,分别对端元数目 $R=3$

和 $R=9$ 两种情况进行解混实验,实验中使用的 9 种光谱曲线如图 4-17 所示。

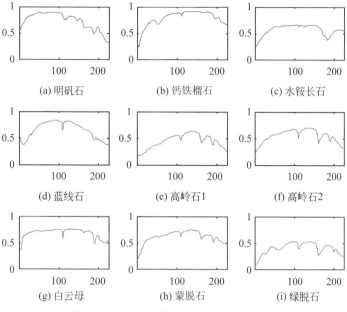

(a) 明矾石　　　　　　(b) 钙铁榴石　　　　　　(c) 水铵长石

(d) 蓝线石　　　　　　(e) 高岭石1　　　　　　(f) 高岭石2

(g) 白云母　　　　　　(h) 蒙脱石　　　　　　(i) 绿脱石

图 4-17　USGS 光谱库中的 9 种光谱曲线

用于解混实验的合成图像由 3 种方式产生。其中,图像 I1 由随机产生的满足 ANC 和 ASC 两项约束的丰度值线性合成;图像 I2 按照 PPNMM 非线性合成得到,其非线性参数 b 在 $(-1,1)$ 范围内随机选取;图像 I3 为综合混合图像,其线性混合的像素点和 PPNMM 非线性混合的像素点各占总像素点的 50%,产生该测试图像的目的是为了模拟真实场景中线性混合像素点和非线性混合像素点同时存在的实际情况。合成的图像尺寸均为 10×10 像素。图 4-18 和图 4-19 分别示出了端元数目 $R=3$ 和 $R=9$ 两种情况下,混合高光谱图像 I1、图像 I2 和图像 I3 的第 1 个波段图像。在进行解混实验时,算法的参数设置为:BSA 种群规模 $N=30$,搜索空间维数 $D=R$,种群进化代数 $G=5000$,$\mathrm{up}_j=1$,$\mathrm{low}_j=0$。种群在约束范围内随机初始化。

解混过程使用 USGS 光谱库中的对应真实端元光谱进行,表 4-7 中的性能指标数据为基于回溯优化的非线性高光谱图像解混算法、Bayes 算法和PPNMM 算法的解混结果。其中,Bayes 算法是线性混合模型下的高光谱图像解混算法,PPNMM 算法为基于 PPNMM 模型和次梯度优化(subgradient optimization)的非线性解混算法。表 4-7 统计了 30 次 Monte Carlo 实验的平均

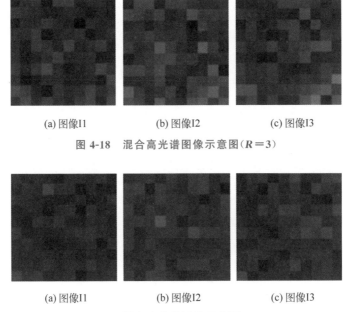

(a) 图像I1   (b) 图像I2   (c) 图像I3

图 4-18　混合高光谱图像示意图($R=3$)

(a) 图像I1   (b) 图像I2   (c) 图像I3

图 4-19　混合高光谱图像示意图($R=9$)

结果数据。

综合分析表中数据可知,对于线性混合图像 I1,Bayes 算法、PPNMM 算法和基于回溯优化的非线性高光谱图像解混算法均获得了较好的解混效果,这说明线性解混算法—Bayes 算法和 PPNMM 算法、基于回溯优化的非线性高光谱图像解混算法两种非线性解混算法均能较好地解混线性场景的高光谱图像。而对于 I2 和 I3 两幅存在非线性混合情况的图像,Bayes 算法的解混效果会显著下降,此时 PPNMM 算法和基于回溯优化的非线性高光谱图像解混算法的解混效果具有明显优势。并且,基于回溯优化的非线性高光谱图像解混算法由于采用全局搜索能力更强、搜索精度更高的 BSA 进行丰度值和非线性参数的搜索,解混性能更加稳定,所得的解混结果明显优于 PPNMM 算法。

2）真实遥感图像实验

Samson 数据是由美国 Florida Environmental Research Institute 利用 Samson sensor 拍摄的高光谱图像数据,该数据记录了 $401\sim889$nm 的 156 个波段数据,其光谱分辨率为 3.13nm。原图像包含 952×952 个像素点,为了节省计算耗时,通常选取如图 4-20 所示的 95×95 子区图像进行解混实验。图像中包含土地、树木和水域这 3 种地物成分。

表 4-7 算法解混性能比较（合成图像）

图像	端元数目/个	SAM（×10⁻²）			RMSE(X)（×10⁻²）			RMSE(S)（×10⁻²）		
		Bayes	PPNMM	本算法	Bayes	PPNMM	本算法	Bayes	PPNMM	本算法
I1	3	7.40	7.42	7.36	5.28	5.25	5.20	2.92	3.53	3.12
	9	8.67	8.45	8.44	5.37	5.21	5.19	8.21	8.84	8.24
I2	3	8.31	6.44	5.46	33.41	5.22	5.21	18.87	3.30	2.46
	9	8.38	7.42	6.29	16.23	5.22	5.16	7.71	8.27	7.31
I3	3	8.05	6.48	6.47	23.31	5.25	5.24	14.80	2.99	2.55
	9	8.36	7.42	7.34	16.43	5.22	5.15	7.86	7.84	7.77

Jasper Ridge 数据是拍摄于美国 California 地区 Jasper Ridge 自然保护区的高光谱图像数据,该数据记录了 380～2500nm 的 198 个波段数据,其光谱分辨率为 9.46nm。原图像包含 512×614 个像素点,通常选取如图 4-21 所示的 100×100 的子区图像进行解混实验。图像中包含树木、水域、土地和公路 4 种地物成分。

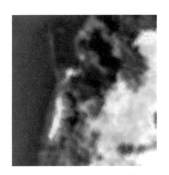

图 4-20　Samson 的场景图

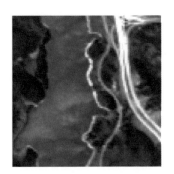

图 4-21　Jasper Ridge 的场景图

在进行真实遥感图像数据的解混过程中,由于端元未知,需要先进行端元光谱的提取。此处采用基于几何学的 VCA 算法进行端元提取,然后使用本算法求解丰度值和非线性参数,完成对真实高光谱图像的解混。本算法解混得到的丰度图如图 4-22 和图 4-23 所示,由丰度图可以看出,本算法清晰地还原了各种地物的实际分布情况。

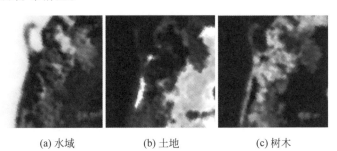

(a) 水域　　　　　(b) 土地　　　　　(c) 树木

图 4-22　基于回溯优化的非线性高光谱图像解混算法解混得到的丰度图(Samson)

为了进一步客观分析基于回溯优化的非线性高光谱图像解混算法对实际高光谱遥感图像的解混效果,将该算法与 Bayes 算法、PPNMM 算法、PPNMM-NonFCLS 算法进行解混性能指标对比。其中,PPNMM-NonFCLS 为随机给定解混初值情况下的 PPNMM 算法。由于真实遥感图像的实际丰度值是未知的,

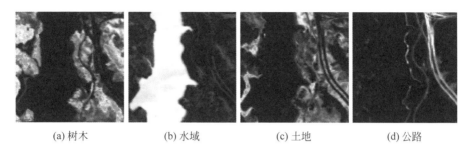

| (a) 树木 | (b) 水域 | (c) 土地 | (d) 公路 |

图 4-23 基于回溯优化的非线性高光谱图像解混算法解混得到的丰度图(Jasper Ridge)

所以实验选用 SAM 和 RMSE(X)两个性能指标进行对比分析。

表 4-8 中的数据为多种算法对于真实遥感图像的解混结果,与线性解混算法(Bayes 算法)、非线性解混算法(PPNMM 算法)和 PPNMM-NonFCLS 算法相比,基于回溯优化的非线性高光谱图像解混算法具有明显的性能优势。尤其对比分析 PPNMM 算法和 PPNMM-NonFCLS 算法的解混效果可知,在 PPNMM 算法不使用 FCLS 算法进行解混初值初始化的情况下,解混性能会明显下降。这是由于 PPNMM 算法所使用的最优化方法是梯度类优化(如 subgradient optimization)算法,当解混初始值设置不理想时,算法容易陷入局部收敛而导致解混性能降低。而基于回溯优化的非线性高光谱图像解混算法由于采用了回溯搜索算法(BSA)进行图像解混过程的最优解搜索,算法中无须进行特定的初始值设定,即可完成对高光谱图像的有效解混。

表 4-8 算法解混性能比较(真实遥感图像)

算 法	Samson		Jasper Ridge	
	SAM ($\times 10^{-2}$)	RMSE(X) ($\times 10^{-2}$)	SAM ($\times 10^{-2}$)	RMSE(X) ($\times 10^{-2}$)
Bayes	7.53	4.40	18.19	8.13
PPNMM	10.03	1.15	15.61	1.93
PPNMM- NonFCLS	10.08	14.28	23.72	31.35
本算法	6.47	1.12	7.22	1.58

算法使用回溯搜索算法替代次梯度优化算方法对目标函数进行求解,利用生物种群的信息交流与合作共享机制,搜索得到正确的解混参数,从而在对合

成光谱图像和真实遥感图像的解混过程中表现出优异的性能。与基于 PPNMM 和梯度优化的非线性解混算法相比,该算法无须利用 FCLS 等其他线性解混算法初始化解混初值,具有更高的解混精度。并且,算法的解混思想具有较强的通用性,今后可继续结合新的混合模型和搜索能力更强的仿生智能优化算法,提出性能更优的高光谱图像非线性解混算法。

第 5 章

基于仿生智能优化的
三维点云拼接技术

随着三维数字化技术的发展,三维成像已经成为计算机视觉的重要内容。由于三维数据是由多传感器从不同角度拍摄获得,三维点云拼接成为三维成像领域的重要关键技术。其作用是找到多个深度传感器采集到的三维点云的最优空间变换,使多片点云统一到同一空间坐标系下,重建出被拍摄物体的完整三维形貌。

5.1 点云拼接的数学表示

将多个不在同一个坐标系下的、有部分重叠的单视角点云统一到同一坐标系下,合成完整的物体点云模型的过程称为点云拼接。对于两片待拼接点云,其中一片称作动态点云 $\boldsymbol{P} = \{\boldsymbol{p}_i\}$,$i = 1, 2, \cdots, N_p$,另一片称作目标点云 $\boldsymbol{Q} = \{\boldsymbol{q}_j\}$,$j = 1, 2, \cdots, N_q$,$\boldsymbol{p}_i$ 和 $\boldsymbol{q}_j$ 均为三维向量。点云拼接就是要获得两片点云间的欧式变换矩阵 $\boldsymbol{T}$,该变换矩阵包含 6 个待定参数,分别为沿坐标轴 x、y、z 的平移量 $\boldsymbol{T}_x$、$\boldsymbol{T}_y$、$\boldsymbol{T}_z$ 以及绕 3 个坐标轴的旋转角 α、β、γ。在不考虑模型尺度伸缩的情况下,变换矩阵 $\boldsymbol{T}$ 的表达式为

$$\boldsymbol{T} = \boldsymbol{R}_a \boldsymbol{R}_\beta \boldsymbol{R}_\gamma \boldsymbol{S} \tag{5-1}$$

式中,

$$\boldsymbol{R}_a = \begin{bmatrix} 1 & 0 & 0 & 0 \\ 0 & \cos\alpha & \sin\alpha & 0 \\ 0 & -\sin\alpha & \cos\alpha & 0 \\ 0 & 0 & 0 & 1 \end{bmatrix} \tag{5-2}$$

$$\boldsymbol{R}_\beta = \begin{bmatrix} \cos\beta & 0 & -\sin\beta & 0 \\ 0 & 1 & 0 & 0 \\ \sin\beta & 0 & \cos\beta & 0 \\ 0 & 0 & 0 & 1 \end{bmatrix} \tag{5-3}$$

$$\boldsymbol{R}_\gamma = \begin{bmatrix} \cos\gamma & \sin\gamma & 0 & 0 \\ -\sin\gamma & \cos\gamma & 0 & 0 \\ 0 & 0 & 1 & 0 \\ 0 & 0 & 0 & 1 \end{bmatrix} \tag{5-4}$$

$$\boldsymbol{S} = \begin{bmatrix} 1 & 0 & 0 & 0 \\ 0 & 1 & 0 & 0 \\ 0 & 0 & 1 & 0 \\ T_x & T_y & T_z & 1 \end{bmatrix} \tag{5-5}$$

理想状态下，$\boldsymbol{P}$ 经过变换后得到的点集 $T(\boldsymbol{P})$ 中的各点与 $\boldsymbol{Q}$ 中的对应点之间的距离应当为 0。但是，由于测量误差以及噪声等因素的影响，对应点之间的距离无法达到理想值 0。因此，点云拼接问题就转换为最优化问题：寻求一个最优变换 T，使得 $T(\boldsymbol{P})$ 中各点与其在 $\boldsymbol{Q}$ 中的对应点距离和最小。

$$\min_T E(T) = \min_T \mathrm{Sum}[\,|\,T(\boldsymbol{P}) - \boldsymbol{Q}\,|\,] \tag{5-6}$$

5.2 基于仿生智能优化的三维点云拼接方法

传统点云拼接方法的性能容易受到量化误差、图像噪声和初始位置的影响。例如，经典的迭代最近点（ICP）算法在图像初始位置不佳时，通常会陷入局部极值，导致拼接失败。虽然已有学者提出了一些改进的 ICP 算法，但它们并不能完全解决传统拼接算法的缺点。因此，仿生智能优化算法作为一种性能优良且易于实现的全局优化算法，将其引入三维成像领域，能够有效克服传统点云拼接算法的缺点，有效地提高拼接的适应性和拼接精度。

点云拼接过程本质上是六维变量的最优化过程，仿生智能优化算法是解决该类问题的有效工具。为提高拼接速度，且保证拼接精度不受影响，一般是在 $\min\limits_T E(T) = \min\limits_T \mathrm{Sum}[\,|\,T(\boldsymbol{P}_s) - \boldsymbol{Q}\,|\,]$ 中选取点数相对较少的采样点集 $\boldsymbol{P}_s = \{\boldsymbol{p}_{D1}, \boldsymbol{p}_{D2}, \cdots, \boldsymbol{p}_{Di}\}$，对 $\boldsymbol{Q}$ 进行拼接计算：

$$\min_T E(T) = \min_T \mathrm{Sum}[\,|\,T(\boldsymbol{P}_s) - \boldsymbol{Q}\,|\,] \quad \text{for } \boldsymbol{P}_s \text{ in } \boldsymbol{P} \tag{5-7}$$

由于在实际拼接工作中，两片点云图像一般不会完全重合，并非采样点集

P_s 在 Q 中都有对应点,所以使用对应点距离的中位数(median)替代距离和作为目标函数:

$$\min_{T} E(T) = \min_{T} \mathrm{Median}[\,|\,T(P_s) - Q\,|\,] \quad \text{for } P_s \text{ in } P \tag{5-8}$$

需要采用最优化方法对式(5-8)的目标函数进行求解,从而得到最优空间变换。为了解决该问题,基于仿生智能优化的拼接算法开始被重视。对于解决复杂度高的多维非线性优化问题,仿生智能优化算法较之传统的梯度类优化方法,具有控制参数少、全局收敛性好、易于实现等优势。可以通过种群个体之间的合作,快速准确地接近全局最优解。因此,性能优良的仿生智能优化算法已被用于三维点云拼接。

与 ICP 算法不同,仿生智能优化算法直接在解空间中利用群体智慧搜索最优空间变换。因此,需要首先对其进行参数编码。点云拼接问题中共有六个待求变量,分别为 3 个坐标轴的平移量(T_x,T_y,T_z)和 3 个绕轴旋转角度(α,β,γ)。因此使用六维的实值编码[x_1,x_2,…,x_6],分别对应 α,β,γ,T_x,T_y,T_z。其中,旋转角的初始化范围可以选择为[$0,2\pi$],而平移向量的范围则需要根据点云的规模进行设定。一般来说,变量的初始化范围越大,进化算法搜索耗时就越长,陷入局部最优的可能性也就越大。因此,可以提前对两片点云进行重心对齐,即将两片点云的坐标分别减去该点云的重心坐标,从而有效减少平移向量的搜索范围,缩短拼接算法的计算耗时。确定了目标函数和参数编码后,就可以通过仿生智能优化算法的群体智能对目标函数进行优化求解,得到实现三维空间变换的 6 个变量,进而完成三维点云拼接工作。

5.3 基于哈希表和飞蛾火焰优化的点云拼接算法

基于仿生智能优化的点云拼接算法能够克服传统 ICP 类拼接算法的缺点,但该类算法耗时较长。受到采集设备的限制,每个三维点云模型都有一定的分辨率。然而,仿生智能优化算法的搜索精度通常远高于三维点云模型的分辨率,拼接算法的耗时还可以进一步缩短。基于哈希表和飞蛾火焰优化的点云拼接算法将解空间分割为大量超矩形,每个超矩形中的解可以近似认为与目标函数值相同。超矩形代表的目标函数值使用哈希表缓存,从而减少重复查找和过度开发。同时,在飞蛾火焰优化算法的基础上加入新的搜索方程和重启动机制来平衡算法的性能,使其更加适合于点云拼接,从而得到一种基于哈希表和飞蛾火焰优化的点云拼接算法[1][2]。该拼接算法避免了超过点云模型分辨率的过度搜索,相比其他基于仿生智能优化的拼接算法,在保证收敛精度的情况下具有更快的收敛速度。

5.3.1 飞蛾火焰优化算法

飞蛾火焰优化(moth-flame optimization,MFO)算法是一种模拟飞蛾在夜晚中飞行行为的全局优化算法。在 MFO 中,种群分别由飞蛾和火焰组成,均代表一种可行解。火焰记录飞蛾在运动中经过的多处最优位置,飞蛾则在解空间中围绕火焰自发运动。飞蛾的飞行轨迹是一条螺旋形曲线,其搜索方程可以表示为

$$M_i = S(M_i, F_j) \tag{5-9}$$

式中,M_i 表示第 i 只飞蛾的位置,F_j 为第 j 个火焰,S 是螺旋函数,可以表示为

$$S(M_i, F_j) = D_i e^{bt} \cos(2\pi t) + F_j \tag{5-10}$$

式中,D_i 表示第 i 只飞蛾和第 j 个火焰之间的距离,$D_i = \| F_j - M_i \|$,b 是表示螺旋形状的常量,t 为取值范围是 $[-1,1]$ 的随机数,每个维度独立选取。

为了平衡种群的探索和开发能力,火焰的数量随着迭代次数的增加不断减少,其自适应变化公式如下:

$$\text{flame\_no} = \text{round}\left(N - l \cdot \frac{N-1}{T}\right) \tag{5-11}$$

式中,flame_no 表示火焰数量,N 为飞蛾数量,T 为最大迭代次数,l 为当前迭代次数。式中 i 和 j 的对应关系可表示为

$$\begin{cases} j = i, & i < \text{flame\_no} \\ j = \text{flame\_no}, & i \geq \text{flame\_no} \end{cases} \tag{5-12}$$

在 MFO 算法的寻优过程中保留了一系列最优位置而非一个,使其能够更好地维持种群的多样性,避免优化求解过程陷入局部最优,具有良好的收敛速度和寻优精度。

5.3.2 哈希优化策略

哈希表是一种用于快速存取数据的计算机数据结构。哈希表中将键和值

---

① ZOU L,GE B Z,CHEN L. Range image registration based on hash map and moth-flame optimization[J]. Journal of Electronic Imaging,2018,27(2):023015.

② 邹力.进化点云拼接技术的优化加速方法研究[D].天津:天津大学,2018.

视为一个组合,给定一个键就可以快速查找其对应的值。

在点云拼接过程中,由于扫描设备精度的限制,每片点云都有一定的分辨率。同时,仿生智能优化算法的优化精度通常远高于点云分辨率,算法优化求解过程的搜索步长远小于点云之间的间隔,致使部分搜索过程低效无用。针对这一问题,利用哈希优化策略以避免对解空间中距离过近的点进行搜索。

首先,根据点云的疏密程度设定一组离散参数,记作 $\Delta\alpha,\Delta\beta,\Delta\gamma,\Delta T_x$,$\Delta T_y,\Delta T_z$。每个离散参数依次对应六维旋转、平移变换的每个维度。通常 $\Delta\alpha$,$\Delta\beta,\Delta\gamma$ 的值可以选择 0.001π,而 $\Delta T_x,\Delta T_y,\Delta T_z$ 的确定则需要估计模型的分辨率,其过程如下。

(1) 在动态点云中随机抽取一组点。

(2) 计算每个点到其附近最近点的距离。

(3) 将所有距离的中值作为分辨率的估计值。

将 $\Delta T_x,\Delta T_y,\Delta T_z$ 设定为分辨率的估计值乘以一个系数 $k(k<1)$,从而将解空间分割为大量的超矩形,每个超矩形中所有个体位置的目标函数值可以近似认为相等。这样,原始的连续函数空间被分割为离散函数空间。

在仿生智能优化算法的每一次迭代中,如果新个体所在超矩形中没有计算过任何个体的函数值,则计算这个新个体的函数值,并且将超矩形作为键、目标函数值作为值写入哈希表。否则,直接从哈希表中读出所在的超矩形中个体的目标函数值。

为了能够存储超矩形,需要一个键来标志每个超矩形,并且该键可以映射为 32 位地址,在算法中使用字符串作为键。对于一个包含 6 个参数(α,β,γ,T_x,T_y,T_z)的个体,其对应的超矩形可以用如下的位置字符串标识:

$$S=\left\lceil\frac{\alpha}{\Delta\alpha}\right\rceil\left\lceil\frac{\beta}{\Delta\beta}\right\rceil\left\lceil\frac{\gamma}{\Delta\gamma}\right\rceil\left\lceil\frac{T_x}{\Delta T_x}\right\rceil\left\lceil\frac{T_y}{\Delta T_y}\right\rceil\left\lceil\frac{T_z}{\Delta T_z}\right\rceil \quad (5\text{-}13)$$

式中,$\lceil\cdot\rceil$ 表示向上取整,S 由 6 个分离的整数组成。搜索个体更新的流程如下。

(1) 使用仿生智能优化算法的搜索方程生成一个候选解 φ。

(2) 由式(5-13)计算位置字符串 S。

(3) 如果 S 已经存在于哈希表中,读出 S 对应的目标函数值作为目标函数值。否则,计算目标函数值,并且将 S 作为键,目标函数值作为值存入哈希表。

在所提策略中,每个超矩形中最多计算一次目标函数值。因此,距离太近的个体不会被多次计算。但是这个策略不会改变搜索方向,为避免仿生智能优化算法收敛到局部极值,还需要结合重启动机制等进化策略保证优化求解性能。

5.3.3　HMFO 算法

MFO 算法具有参数少、收敛速度快、收敛精度高等优点。但 MFO 算法的开发能力更强,其探索能力还有待提升。在点云拼接的目标函数中,通常有很多局部极值点和间断点,直接使用 MFO 可能导致局部收敛,因此,提出一种探索性能更强的 IMFO 算法,改进如下:

(1) 探索性能更强的搜索方程:

$$M_i = M_i + u^\lambda (F_i - M_i) + v(F_{\text{rand}} - M_i) \tag{5-14}$$

式中,u 为 $[0,1]$ 之间的随机数,λ 为收敛常数,通常取值范围为 $[1,3]$。λ 越大,探索性能越强。v 是均值为 0,标准差为 0.5 的高斯分布随机数。F_{rand} 是一个随机选择的火焰,在这个方程中,飞蛾的更新将受到随机火焰的影响,其探索性能大大增强。

(2) 火焰的数量被设定为与飞蛾相等,即

$$\text{flame\_no} = N \tag{5-15}$$

(3) 设定了一个参数 limit,如果全局最优值连续 limit 次迭代没有优化,所有的飞蛾均使用式(5-16)重新分配位置:

$$M_i[j] = \text{rand}(\text{lowerbound}[j], \text{upperbound}[j]) \tag{5-16}$$

式中,$M_i[j]$ 表示 M_i 的第 j 维变量,lowerbound$[j]$ 和 upperbound$[j]$ 表示第 j 维变量的上下界。将飞蛾按目标函数值升序排列,之后保留第一个火焰以确保最优值不丢失,剩下的 $N-1$ 个火焰用前 $N-1$ 个飞蛾替代,即

$$F_i = M_{i-1} \quad i = 2, 3, \cdots, N \tag{5-17}$$

这一机制可称为重启动机制,当算法陷入局部极值时,所有的飞蛾和火焰将被重新分配位置。这个机制应当与哈希策略配合使用,其原因是使用重启动机制会浪费 limit 次迭代,因为重新分配位置之前算法已经收敛,从而 limit 次迭代中最优解不能继续优化。但是通过配合哈希优化策略,limit 次迭代里将不会计算任何个体的目标函数值。一般情况下,算法能够在落入局部极值后立刻重新分配所有个体,使得搜索更加高效。

将 IMFO 和哈希优化策略结合就得到了 HMFO,下面给出 HMFO 的算法伪代码:

Step1 初始化
　Step1.1 初始化哈希表 HashMap
　Step1.2 初始化飞蛾:$M = \{M_1 \cdots M_N\}$
　for $i = 1, 2, \cdots, N$

Step1.3 计算 M_i 的位置字符串 S_i

Step1.4 如果 HashMap 中存在 S_i $F(M_i)=$HashMap$[S_i]$

否则计算 $F(M_i)$，HashMap$[S_i]=F(M_i)$

End

Step1.5 初始化飞蛾：$F_i=M_i$ $\forall i=1,2,\cdots,N$

Step1.6 对飞蛾排序：Sort(F)

Step1.7 $t=1$

Step1.8 全局最优 BestValue$=F(M_1)$

Step1.9 trial$=0$

Step2 更新飞蛾

For $i=1,2,\cdots,N$

For $j=1,2,\cdots,$Dim

Step2.1 根据搜索方程更新 $M_i[j]$

Step2.2 检查 $M_i[j]$是否超出边界

End

Step2.3 计算 M_i 的位置字符串 S_i

Step2.4 如果 HashMap 中存在 S_i $F(M_i)=$HashMap$[S_i]$

否则计算 $F(M_i)$，HashMap$[S_i]=F(M_i)$

End

Step3 更新火焰

Step3.1 对所有个体排序：Sort(AllIndividual) AllIndividual$=F+M$

Step3.2 $F_i=$AllIndividual$_i$ $\forall i=1,2,\cdots,N$

Step3.3 $t=t+1$

Step4 重启动机制

Step4.1 如果$(F(F_1)<$bestvalue$)$ bestvalue$=F(F_1)$ trial$=0$

否则 trial$=$trial$+1$

如果$($trial$>=$limit$)$

Step4.2 重新给飞蛾分配随机位置

for $i=1,2,\cdots,N$

Step4.3 计算 M_i 的位置字符串 S_i

Step4.4 如果 HashMap 中存在 S_i $F(M_i)=$HashMap$[S_i]$

否则计算 $F(M_i)$，HashMap$[S_i]=F(M_i)$

End

Step4.5 对飞蛾排序 Sort(M)

Step4.6 $F_i=M_{i-1}$ $i=2,3,\cdots,N$

Step4.7 trial$=0$

End

Step4.8 如果达到停止条件 返回 F_1

否则跳转 Step2。

5.3.4 实验分析

实验选取了 5 对点云作为实验对象,前 4 对是点云库中常用的标准点云,最后"1"对是由双目立体视觉系统采集生成。

实验 为了验证所提哈希优化策略和 MFO 的改进方案是否有效,实验中共比较了 4 种拼接算法,如表 5-1 所示。

表 5-1 实验中的 4 种对比算法

拼接算法	优化算法	是否加入哈希优化策略
MFO	MFO	否
MFO+Hash	MFO	是
IMFO	IMFO	否
HMFO	IMFO	是

实验中设定性能评价指标:成功时间期望(TE),表示一种算法直到运行成功所需花费的运行时间的期望值。其公式为

$$TE = \frac{\bar{T}}{SR} \tag{5-18}$$

式中,$\bar{T}$ 表示成功运行时的平均耗时,SR 表示成功率。这个指标综合了平均运行时间和成功次数对算法进行评价。因此,最后的结果数据中包括三个指标,成功时平均运行时间 $\bar{T}$,成功次数(number of success times,NOST)和成功时间期望 TE。

每种算法的控制参数如表 5-2 所示,模型相关参数(包括旋转角初始化范围 R_r,平移向量初始化范围 T_r,离散参数 $\Delta\alpha$,$\Delta\beta$,$\Delta\gamma$,比例系数 k,预设精度 φ)如表 5-3 所示。图 5-1 为达到预设精度时的拼接结果。表 5-4 为实验的对比结果。

表 5-2 实验中各算法控制参数

拼接算法	控制参数
MFO	种群数量 20
MFO+Hash	种群数量 20
IMFO	种群数量 20,limit=120,λ=1
HMFO	种群数量 20,limit=120,λ=1

表 5-3 模型相关参数

点 云 模 型	相 关 参 数
Tele	$R_r[0,2\pi]$ $T_r[-40,40]$ $\Delta\alpha=\Delta\beta=\Delta\gamma=0.001\pi$ $k=0.05$ $\varphi=0.12$
Bird	$R_r[0,2\pi]$ $T_r[-40,40]$ $\Delta\alpha=\Delta\beta=\Delta\gamma=0.001\pi$ $k=0.05$ $\varphi=0.25$
Angel	$R_r[0,2\pi]$ $T_r[-40,40]$ $\Delta\alpha=\Delta\beta=\Delta\gamma=0.001\pi$ $k=0.05$ $\varphi=0.55$
Bunny	$R_r[0,2\pi]$ $T_r[-0.1,0.1]$ $\Delta\alpha=\Delta\beta=\Delta\gamma=0.001\pi$ $k=0.05$ $\varphi=1.5\times10^{-7}$
Brutus	$R_r[0,2\pi]$ $T_r[-90,90]$ $\Delta\alpha=\Delta\beta=\Delta\gamma=0.001\pi$ $k=0.05$ $\varphi=5$

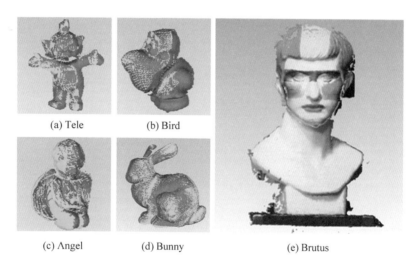

(a) Tele   (b) Bird

(c) Angel   (d) Bunny   (e) Brutus

图 5-1 达到预设精度时的拼接结果

表 5-4 实验结果数据

模型	拼接算法	$\bar{T}$/s	NOST/次	TE/s
Tele	MFO	1.35	1	40.50
	MFO＋Hash	0.87	1	26.10
	IMFO	21.37	29	22.11
	HMFO	10.10	30	10.10

续表

模型	拼接算法	$\overline{T}$/s	NOST/次	TE/s
Bird	MFO	—	0	—
	MFO+Hash	1.02	1	30.60
	IMFO	19.25	27	21.38
	HMFO	8.58	29	8.88
Angel	MFO	1.05	2	15.75
	MFO+Hash	0.77	1	23.16
	IMFO	16.15	22	22.02
	HMFO	11.94	26	13.77
Bunny	MFO	1.87	1	56.13
	MFO+Hash	1.13	1	34.02
	IMFO	17.05	30	17.05
	HMFO	10.13	30	10.13
Brutus	MFO	—	0	—
	MFO+Hash	—	0	—
	IMFO	37.31	14	79.95
	HMFO	27.18	28	29.12

从上面的数据结果中可以看出,MFO 的拼接成功率较低,其原因主要是探索性能不足,易收敛于局部极值。与 MFO 相比,由于 IMFO 的探索性能得到增强,使得 IMFO 的成功率大大提升。而 HMFO 引入了哈希优化策略,避免了过度开发和重启动机制中的无效搜索,使得其搜索更加高效。

5.4 基于色彩信息的自适应进化点云拼接算法

与传统的三维点云不同,三维彩色点云不仅包含了每个点的位置信息,还包含了每个点的色彩信息,即 RGB 值。现有的仿生智能点云拼接算法中大都没有利用模型的色彩信息,还可以进一步优化。因此,可以在点云拼接算法中引入色彩信息,得到基于色彩信息的自适应进化点云拼接算法[①]。算法使用随机采样与色彩特征点相结合的采样方法,从而保证采样点在几何空间和色彩空间均能较均匀地分布。此外,在目标函数中加入匹配点色彩相近的约束,进一步减少了算法的计算复杂度。

5.4.1 彩色点云模型及特征点采样

算法中的输入模型为彩色点云模型,每个点不仅包含空间位置信息,还包含 RGB 值。但是不同视角下的同一物体受到光照的影响,RGB 值可能相差很大。为了更有效地应用色彩信息,必须消除光照的差异影响。物体的色调(Hue)受光照的影响较小,因此,采用每个点的归一化色调值代表色彩信息(以下简称色调值)。RGB 值转化为色调值 H 的公式如下:

$$H = \begin{cases} \dfrac{\theta}{2\pi}, & B \leqslant G \\ 1 - \dfrac{\theta}{2\pi}, & B > G \end{cases} \tag{5-19}$$

式中,

$$\theta = \arccos\left\{\frac{\frac{1}{2}\big[(R-G)+(R-B)\big]}{\big[(R-G)^2+(R-B)(G-B)\big]^{1/2}}\right\} \tag{5-20}$$

因此,动态点云和目标点云可以进一步表示为 $P = \{\boldsymbol{p}_i, h_i^P\}$,$i = 1, 2, \cdots, N_p$,$Q = \{\boldsymbol{q}_j, h_j^Q\}$,$j = 1, 2, \cdots, N_q$。$\boldsymbol{p}_i$ 和 $\boldsymbol{q}_j$ 均为三维向量,分别代表动态点云和目标点云的空间坐标,h_i^P 和 h_j^Q 分别代表 P 中第 i 个点和 Q 中第 j 个点的色调值。

在彩色点云拼接中,由于模型色彩分布的不均匀,若某种色调比重很大,随机采样可能使大部分采样点均为相同或相近色调,使得算法效率下降。为此,提出了一种色彩特征点与随机采样相结合的采样方法,使得采样点空间分布均匀,尽可能覆盖整个模型,又使色彩分布均匀。首先介绍采样色彩特征点的方法:给定一个参数 n_d,将色调从 0 到 1 均分为 n_d 份,之后将 P 划分为 n_d 个子点云 $P_k(k \in 1, 2, \cdots, n_d)$,每个子点云 P_k 仅包括所有色调 h 满足式(5-21)的点:

$$\frac{k-1}{n_d} \leqslant h < \frac{k}{n_d} \tag{5-21}$$

将 Q 分为 n_d 个子点云 $Q_w(w \in 1, 2, \cdots, n_d)$,每个子点云 Q_w 仅包括所有

① 邹力,葛宝臻,陈雷.基于色彩信息的自适应进化点云拼接算法[J].计算机应用研究,2019,36(1):303-307.

色调 h 满足式(5-22)的点：

$$\frac{w-1.5}{n_d} \leqslant h < \frac{w+0.5}{n_d} \tag{5-22}$$

$n_d = 3$ 时的简单情况下，上述点云划分的示意图如图 5-2 所示。

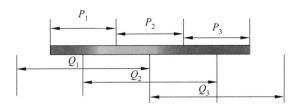

图 5-2　子点云划分示意图

在 P 的所有子点云中随机选取一个子点云 P_k，若 P_k 不为空且 Q 中相同序号子点云 Q_k 不为空，再在所选子点云 P_k 中随机选取一个点作为色彩特征点。不断重复此过程，即可保证采样点的色调分布基本均匀。设所需色彩特征点数为 N_{sample}，则色彩特征点选取流程如图 5-3 所示。

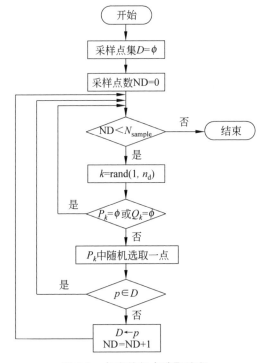

图 5-3　色彩特征点选取流程

色彩特征点不能保证空间分布均匀，可能造成局部拟合。为了保证采样点空间分布均匀且色彩信息丰富，采用选取色彩特征点和随机采样相结合的方式，先选出一部分色彩特征点，再随机选取一部分采样点。实际拼接中，取 $n_d = 15$，色彩特征点与随机采样点的比例为 2：1 为宜。

5.4.2　带色彩约束的目标函数

传统距离平方中值目标函数评价一个旋转平移变换时，需要寻找 P 中的每个点 p_i 在 Q 中的最近点 $q_{c(i)}$ 作为匹配点，而寻找匹配点占用了绝大部分运算时间。为了降低查找匹配点的运算时间，提出一种带色彩约束的目标函数 $\Psi(T)$，认为匹配点之间的色调相近，所以 p_i 仅仅需要在 Q 中相近色调的点中寻找最近点作为匹配点，不需要搜索所有 Q 中的点。$\Psi(T)$ 增加了匹配点的准确性，色调差异大的点不能成为匹配点，使得函数曲线局部极值点更少，更易于搜索。同时，$\Psi(T)$ 还减少了匹配点的搜索范围，大大缩短了寻找匹配点的时间。

目标函数 $\Psi(T)$ 中，属于子点云 P_k 的点，仅需要在 Q 中相同序号子点云 Q_k 中查找最近点作为匹配点，Q_k 覆盖的色调范围大于 P_k，这样保证了 P_k 中色调处于边界处的点也能够找到匹配点，不会产生误匹配。色调为 h 的点，所属子点云序号 k 可以用下式获得：

$$k = \left\lfloor h \bigg/ \left(\frac{1}{n_d}\right) \right\rfloor + 1 \tag{5-23}$$

式中，$\lfloor \cdot \rfloor$ 表示向下取整。可以预先对每个子点云 Q_k 建立 Kd-tree 数据结构加快最近点搜索。得到匹配点后，用匹配点距离中值作为目标函数值输出。

下面列出了 $\Psi(T)$ 评价空间变换 T 时的操作流程：

for $i = 1, 2, \cdots, N_p$
　　Step1 计算 p_i 经过 T 变换后的点 $T(p_i)$
　　Step2 根据式(5-23)计算 k
　　Step3 在 Q_k 中寻找最近点 $q_{c(i)}$
　　Step4 计算点对距离 $d_i = \parallel T(p_i) - q_{c(i)} \parallel_2$
End
Step5 输出结果 $\Psi(T) = \mathrm{MedSE}(d_i^2), \forall i = \{1, 2, \cdots, N_p\}$

下面分析目标函数 $\Psi(T)$ 的时间复杂度。假设最近点通过最常用的 Kd-tree 获得，查找最近点的复杂度为 $O(\log N_q)$，则传统中值目标函数的复杂度为 $O(N_p \log N_q)$；假设点云的色调分布均匀，则所提目标函数 Ψ 的复杂度为：

$O\left(N_p \log \dfrac{N_q}{n_d}\right)$。实际拼接过程中,点云色调分布不均匀,除了主色调,其他色调比重很低,大部分色彩特征点的对应点很少,算法的复杂度将会更低。

5.4.3 种群编码及优化求解

基于色彩信息的自适应进化点云拼接算法中采用自适应进化算法(self adaptive evolutionary optimization,SaEvO)优化求解点云间的最优变换,点云拼接的待求变量为一组空间变换,包括 3 个旋转角度和 3 个平移向量。因此采用 $X=[x_1,x_2,\cdots,x_6]$ 六维实值编码,分别代表旋转角(α,β,γ)和平移变量(T_x,T_y,T_z),使用 $\Psi(T)$ 作为目标函数,采样后的动态点云与原始的目标点云作为算法的输入,通过多次迭代进化,即可以获得实现拼接的空间最优变换。

5.4.4 实验分析

为了验证基于色彩信息的自适应进化点云拼接算法的有效性,将该算法(以下简称彩色算法)与仅使用空间信息的进化点云拼接算法(以下简称空间算法)进行拼接实验对比。两种算法的具体结构如表 5-5 所示。

表 5-5 拼接实验中的对比算法

算法名称	选取采样点	目标函数	优化算法
彩色算法	随机采样+色彩特征点	包含色彩约束	SaEvO
空间算法	随机采样	不包含色彩约束	SaEvO

实验选取了 RGB-D object dataset 中的 4 对场景点云作为实验模型。每片视角的点云包含的点数如表 5-6 所示。各视角点云如图 5-4 所示。

表 5-6 各视角点云规模

模 型	点 数	模 型	点 数
meeting1	280915	desk1	275473
meeting2	276579	desk2	255235
kitchen1	279798	table1	288179
kitchen2	270769	table2	286707

实验中,每种算法独立运行 30 次,收敛曲线为 30 次运行的平均曲线。每

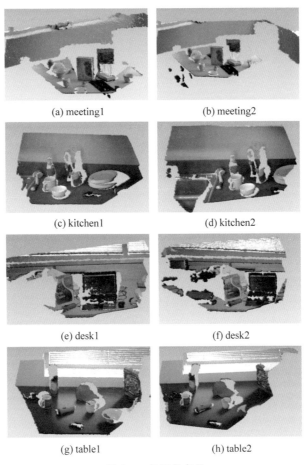

(a) meeting1   (b) meeting2

(c) kitchen1   (d) kitchen2

(e) desk1   (f) desk2

(g) table1   (h) table2

图 5-4 各视角点云

种算法在动态点云中采样 200 个点,采样方法按照表 5-5 中所示。旋转角度的初始化范围为 $[0,2\pi]$,每维的平移向量初始化范围为 $[-1,1]$,自适应进化算法的参数均为种群数量 $50,\rho=0.0625,\gamma=20,\beta=0.8,\bar{\omega}=0.25$。4 幅点云的收敛曲线如图 5-5 所示。

    由图 5-5 中的收敛曲线可以看出,彩色算法的收敛速度明显高于空间算法,这主要因为彩色算法中加入了色彩约束,使得目标函数的复杂度降低。表 5-7 中的数据能够更好地表现彩色算法的优势,彩色算法与空间算法的收敛精度大致相同,但是彩色算法的成功率更高,所提出的目标函数计算量更低。图 5-6 显示了彩色算法的拼接结果,可以看出,两片点云达到了良好的拼接效果。

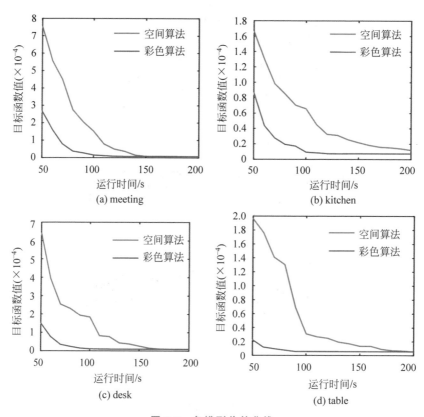

图 5-5　各模型收敛曲线

表 5-7　各模型 30 次运行结果

点云模型	拼接算法	NOST(次)	平均目标函数值(×10⁻⁶)	迭代次数
meeting	彩色算法	29	7.24	2552
	空间算法	29	7.09	1488
kitchen	彩色算法	30	7.36	2450
	空间算法	29	11.9	1471
desk	彩色算法	30	9.90	2567
	空间算法	25	8.72	1512
table	彩色算法	30	5.57	2682
	空间算法	28	5.52	1537

(a) meeting　　　　　　　　(b) kitchen

(c) desk　　　　　　　　(d) table

图 5-6　点云拼接结果

5.5　基于重采样策略与人工蜂群优化的点云拼接算法

由于拼接过程中的多生物种群协同交叉计算,基于仿生智能优化的拼接算法在提高拼接性能的同时,也带来了计算量更高的实际问题。为此,提出一种基于等间隔方法的采样方法,通过提高采样点集的遍历性和利用率,有效地避免了拼接过程中的不确定性;同时,引入一种新的搜索方程以增强人工蜂群算法的开发能力。使用这两种策略的改进仿生智能优化拼接算法[①]能够在保证拼接精度的情况下有效减少计算时间,提高点云的拼接效率。

5.5.1　重采样策略

由于三维点云的数量庞大,利用整片动态点云进行计算会消耗过多不必要的时间。因此,在进行拼接前首先对动态点云进行采样。目前,基于仿生智能优化的拼接算法大多采用随机选点的采样方法,若采样点数过少,会使得采样

①　CHEN L,KUANG W Y,FU K. A resample strategy and artificial bee colony optimization-based 3d range imaging registration[J]. Computer Vision and Image Understanding. 2018,175:44-51.

点集的遍历性较差,影响拼接精度;若采样点数过多,会极大地增加拼接时间。为了平衡拼接精度与拼接时间,提出了一种基于等区间采样法的拼接采样策略,以提高采样点集的遍历性,实现更快的高精度拼接。重采样策略分为两个主要部分:

(1) 等间距选点。

(2) 重采样。

首先,对动态点云进行位置编号($1 \sim N$)和等间距分割,每段中点的数量根据动态点云中点的总数确定。在分段后的第一段点云中随机选取一个点的位置编号 D_1,再以此类推得到第 i 段点云采样点的位置编号 D_i,组成采样点集 $\boldsymbol{P}_S$。该采样方法较好地保证了采样的均匀性与随机性,避免了随机选点方法中采样点位置分布不均的问题。

此外,在拼接过程中执行重采样策略,即拼接经过一定代数的进化后,重新选取采样点集进行下一阶段的拼接。选取采样点集的下标 D_i 由下式决定:

$$D_i = \text{round}\left\{ \varphi \left[\text{fix}\left(\frac{N}{H} \right) - 1 \right] + 1 \right\} + (i-1)\text{fix}\left(\frac{N}{H} \right), \quad i = 1, 2, \cdots, H$$

$$(5-24)$$

式中,N 为动态点云中点的数目,φ 为 $[0,1]$ 的随机数,H 为采样点的数目。round 为四舍五入取整函数,fix 为向下取整函数。加入重采样策略后的改进拼接过程如图 5-7 所示。

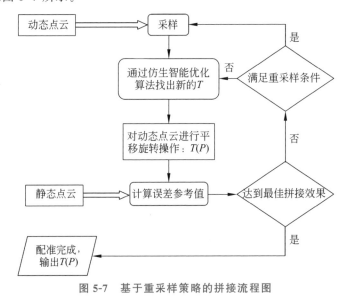

图 5-7 基于重采样策略的拼接流程图

5.5.2 改进的人工蜂群搜索策略

受差分进化算法(DE)的启发,高卫峰等提出了一种性能优良的改进人工蜂群算法(enhancing artificial bee colony algorithm,EABC),该算法在采蜜蜂和观察蜂阶段分别使用了两个不同的搜索方程对蜜蜂进行位置更新,方程表示如下。

采蜜蜂阶段:

$$v_{i,j} = x_{r_1,j} + \alpha(x_{\text{best},j} - x_{r_1,j}) + \beta(x_{r_1,j} - x_{r_2,j}) \tag{5-25}$$

观察蜂阶段:

$$v_{i,j} = x_{r_1,j} + \alpha(x_{\text{best},j} - x_{r_1,j}) + \beta(x_{r_1,j} - x_{\text{best},j}) \tag{5-26}$$

式中,$v_{i,j}$ 表示第 i 只蜜蜂寻找到的新蜜源位置的第 j 维分量;x_{best} 为当前群体搜索到的最优蜜源位置;$r_1 \neq r_2 \neq i$ 是从集合 $\{1,2,\cdots,\text{NP}\}$ 随机选择的整数;α 是一个随机数,β 为 rand $\cdot B$,B 是一个均值为 μ,标准差为 δ 的高斯分布数。EABC 中既有当前群体的最优个体的引导,又有群体中随机个体的扰动作用,有效平衡了算法的探索和开发能力,提高了优化求解能力。

为了进一步提升人工蜂群算法在三维图像拼接过程中的优化搜索性能,在 EABC 算法的基础上,提出一种改进的人工蜂群算法(enhancing with a global best artificial bee colony algorithm,EBABC),在采蜜蜂和观察蜂阶段均引入一个围绕群体最优解附近进行密集搜索的方程:

$$v_{i,j} = x_{\text{best},j} + \xi(a x_{r_1,j} - b x_{r_2,j}) \tag{5-27}$$

式中,ξ 为 $[-1,1]$ 的随机数,a 和 b 为常数。由式(5-27)产生的解将较为集中地分布在蜜蜂群体最优解附近,有利于拼接过程中算法更加快速的收敛,找到最优变换矩阵 T。在采蜜蜂和观察蜂阶段,通过选择概率 c_r 交叉使用式(5-27)或 EABC 中的原始搜索方程进行交替搜索,以保证进一步提高算法的开发能力,同时又不破坏其原本具有的良好探索能力。交叉搜索的伪代码如图 5-8 所示。

5.5.3 编码方案和拼接算法流程

基于仿生智能优化算法的三维图像拼接算法的关键是利用仿生智能优化算法对目标函数进行优化,从而得到能够实现两幅图像正确拼接的三维空间变换 T。首先对人工蜂群算法进行编码。拼接问题的解空间涉及平移 T_x,T_y,T_z 和旋转角度 α,β,γ 这 6 个变量,种群将在这个 6 维空间中寻找最优解。所有食物来源的位置参数分别编码为$(T_x, T_y, T_z, \alpha, \beta, \gamma)$,然后利用改进的人工蜂群算法求解目标函数(5-8)得到最优变换 T。算法的具体实现步骤采蜜蜂阶段：
...
if (rand $< c_r$)
$$v_{i,j} = x_{best,j} + \xi(ax_{r_1,j} - bx_{r_2,j}) \qquad \text{\% 使用式（5-27）}$$
else
$$v_{i,j} = x_{r_1,j} + \alpha(x_{best,j} - x_{r_1,j}) + \beta(x_{r_1,j} - x_{r_2,j}) \qquad \text{\% 使用式（5-25）}$$
...
观察蜂阶段：
...
if (rand $< c_r$)
$$v_{i,j} = x_{best,j} + \xi(ax_{r_1,j} - bx_{r_2,j}) \qquad \text{\% 使用式（5-27）}$$
else
$$v_{i,j} = x_{r_1,j} + \alpha(x_{best,j} - x_{r_1,j}) + \beta(x_{r_1,j} - x_{best,j}) \qquad \text{\% 使用式（5-26）}$$
...

图 5-8　EBABC 算法中的交叉搜索过程

如下。

（1）采用等间距随机选点的方法对动态点云进行采样，得到采样点集。

（2）随机生成一定数量的蜜蜂，并初始化个体的位置。

（3）对于每个个体，确定欧几里得变换矩阵 $\boldsymbol{T}$，并计算采样点集的新位置。

（4）对于所有的食物源，使用 Kd-tree 找到目标点集中采样点集的对应点，并计算所有对应点的距离中值作为目标函数值。计算食物源的最优位置及其对应的最优目标函数。

（5）比较前两代的最优目标函数值，如果连续 M 代的变化小于设置值，则使用重采样策略得到一个新的采样点集。否则进行步骤（6）。

（6）如果达到最大的进化代数，则进行步骤（7）。否则，根据群体进化策略更新所有食物源位置，并返回到步骤（3）。

（7）根据目前的最优食物源，计算欧几里得变换矩阵 $\boldsymbol{T}$，根据 $\boldsymbol{T}$ 移动动态点云，完成图像配准。

5.5.4　实验分析

为了分析算法的拼接性能，选择了 4 种仿生智能优化算法进行拼接实验：粒子群优化算法（PSO）、人工蜂群算法（ABC）、增强人工蜂群算法（EABC）和飞蛾火焰优化算法（MFO）。各拼接算法的参数设置如表 5-8 所示。

表 5-8 中的 PSO-IR、ABC-IR、MFO-IR 和 EABC-IR 表示使用原算法直接进行模型拼接，EABC-RS-IR 为 EABC-IR 加入重采样策略的拼接算法，EBABC-RS-IR 为 EABC-RS-IR 拼接算法加入蜂群改进策略的拼接算法。

表 5-8 各拼接算法的参数设置

拼接算法	参数设置
PSO-IR	$NP=20$,惯性权重为 $0.7\sim0.1$,速度常数: $c_1=2$, $c_2=2$
MFO-IR	$NP=20$, $b=1$, l 是 $-1\sim1$ 的随机数
ABC-IR	$NP=20$, $limit=50$, $SN=10$
EABC-IR	$NP=20$, $limit=50$, $SN=10$, $A=1$,正态分布: $\mu=0.3$, $\sigma=0.3$
EABC-RS-IR	$NP=20$, $limit=50$, $SN=10$, $A=1$,正态分布: $\mu=0.3$, $\sigma=0.3$
EBABC-RS-IR	$NP=20$, $limit=50$, $SN=10$, $A=1$,正态分布: $\mu=0.3$, $\sigma=0.3$,交叉率: $c_r=0.6$, $a=b=1$

实验所用点云分别为 SAMPL 点云库中的 Tele、Bird 和 Angel 模型以及斯坦福大学计算机图形实验室提供的 Bunny 模型,各模型不同的视角如图 5-9 所示。

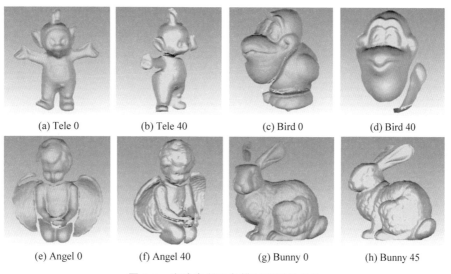

(a) Tele 0　　　　(b) Tele 40　　　　(c) Bird 0　　　　(d) Bird 40

(e) Angel 0　　　　(f) Angel 40　　　　(g) Bunny 0　　　　(h) Bunny 45

图 5-9 实验中所用各模型不同的视角

拼接时在动态点云中以等间距选点法选取 $H=100$ 个点作为采样点集,拼接过程中重新选点的判断条件如表 5-9 所示。其中,OP 为拼接算法每一代进化后得到的目标函数最优值,若前后两代进化的值变化量连续低于阈值 TH10 次,则进行重采样操作。最终拼接效果如图 5-10 所示。

表 5-9　拼接过程中的重采样判断条件

模　　型	条　件　参　数	
Tele	$\begin{cases} OP>0.5, \\ 0.5>OP>0.3, \\ OP<0.3, \end{cases}$	$\begin{matrix} TH=0.01 \\ TH=0.005 \\ TH=0.001 \end{matrix}$
Bird	$\begin{cases} OP>0.6, \\ 0.6>OP>0.4, \\ OP<0.4, \end{cases}$	$\begin{matrix} TH=0.01 \\ TH=0.002 \\ TH=0.001 \end{matrix}$
Angel	$\begin{cases} OP>1, \\ 1>OP>0.7, \\ OP<0.7, \end{cases}$	$\begin{matrix} TH=0.1 \\ TH=0.05 \\ TH=0.03 \end{matrix}$
Bunny	$\begin{cases} OP>1\times10^{-5}, \\ 1\times10^{-5}>OP>1\times10^{-6}, \\ OP<1\times10^{-6}, \end{cases}$	$\begin{matrix} TH=1.5\times10^{-6} \\ TH=1\times10^{-7} \\ TH=1\times10^{-8} \end{matrix}$

(a) Tele　　　　　　(b) Bird　　　　　　(c) Angel　　　　　　(d) Bunny

图 5-10　各模型达到目标函数值时的拼接效果

实验利用点云的误差中值来评价各算法的拼接精度,针对不同模型,各算法拼接误差中值的最小值(Min)、平均值(Mean)和标准差(Std. dev)显示在表 5-10 中。表 5-11 列举了各算法拼接所用的时间(Time)、进化代数(Iter)和成功率(Suc)等。图 5-11 以柱状图的方式清晰地展示了各拼接算法的性能。

在图 5-11 中,为了避免坐标范围过大影响观察,根据表 5-10 中所有算法的拼接结果,为每个模型选择了一个合适的值作为坐标最大值,特别是对于 Bunny 模型,每个拼接算法得到结果乘以 10^6。此外,每个模型的目标函数参考值在图中以红线表示。

图 5-12(a)将各拼接算法结果中的平均时间以折线图的形式画出,同时对于 4 个模型,各种拼接算法的平均性能(根据 4 个模型的平均拼接时间给出)如图 5-12(b)所示。

表 5-10 拼接误差中值

模型		PSO-IR	MFO-IR	ABC-IR	EABC-IR	EABC-RS-IR	EBABC-RS-IR
Tele	Min	0.932	0.135	0.118	0.124	0.107	0.112
	Mean	5.939	5.060	0.272	0.265	0.150	0.143
	Std. dev.	3.260	1.689	0.150	0.432	0.180	0.021
Bird	Min	1.154	0.351	0.259	0.208	0.247	0.196
	Mean	6.837	5.813	0.583	2.630	1.688	0.312
	Std. dev.	2.979	2.196	1.256	2.484	2.420	0.486
Angel	Min	1.496	0.684	0.552	0.497	0.527	0.490
	Mean	40.222	21.394	0.762	0.672	0.720	0.656
	Std. dev.	21.776	13.365	0.130	0.130	1.057	0.105
Bunny	Min	2.026×10^{-7}	1.846×10^{-7}	1.226×10^{-7}	1.226×10^{-7}	1.32×10^{-7}	1.201×10^{-7}
	Mean	2.440×10^{-5}	3.885×10^{-5}	3.784×10^{-7}	3.784×10^{-7}	1.877×10^{-7}	1.784×10^{-7}
	Std. dev.	2.071×10^{-5}	1.532×10^{-5}	5.424×10^{-6}	5.424×10^{-6}	2.206×10^{-8}	1.484×10^{-8}

表 5-11 拼接时间、代数及成功率

模型		PSO-IR	MFO-IR	ABC-IR	EABC-IR	EABC-RS-IR	EBABC-RS-IR
Tele	Min(time)	154.075	2.330	69.736	3.121	4.191	2.682
	Mean(time)	213.956	165.927	239.575	68.069	51.435	24.149
	Min(Iter)	10000	96	2549	128	145	109
	Mean(Iter)	10000	9668	8897	2863	2064	944
	Suc	0.0%	3.3%	56.7%	90.0%	100.0%	100.0%
Bird	Min(time)	136.109	2.467	7.375	6.605	4.952	6.050
	Mean(time)	236.094	161.543	242.072	173.575	117.320	65.762
	Min(Iter)	10000	94	255	253	174	219
	Mean(Iter)	10000	9339	8652	6533	4210	2361
	Suc	0.0%	6.7%	60.0%	50.0%	70.0%	100.0%
Angel	Min(time)	237.227	3.151	20.032	5.246	4.940	4.560
	Mean(time)	281.560	185.342	287.732	40.596	35.185	31.435
	Min(Iter)	10000	94	570	172	145	131
	Mean(Iter)	10000	9011	8074	1361	1080	978
	Suc	0.0%	10.0%	96.7%	100.0%	100.0%	100.0%

续表

模 型		PSO-IR	MFO-IR	ABC-IR	EABC-IR	EABC-RS-IR	EBABC-RS-IR
Bunny	Min(time)	52.760	6.869	693.097	27.118	22.111	10.564
	Mean(time)	497.934	342.766	742.285	206.480	81.431	64.257
	Min(Iter)	481	88	10000	491	354	193
	Mean(Iter)	9683	9342	10000	5328	1546	1260
	Suc	3.3%	3.3%	10.0%	86.7%	100.0%	100.0%

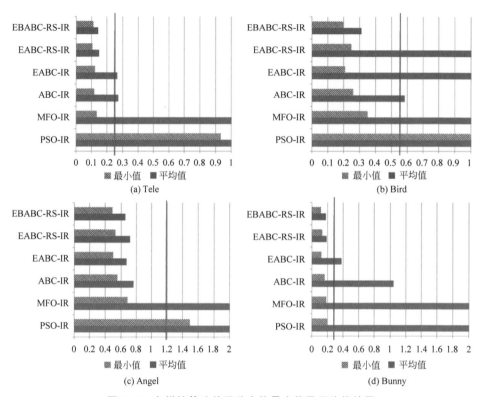

图 5-11　各拼接算法的误差中值最小值及平均值结果

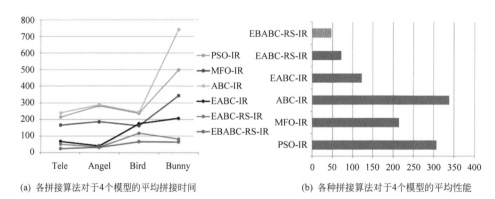

(a) 各拼接算法对于4个模型的平均拼接时间　　　　(b) 各种拼接算法对于4个模型的平均性能

图 5-12　各拼接算法的拼接结果

　　观察所有算法,EBABC-RS-IR 算法对于所有模型的拼接均取得了最小的平均时间及平均代数,且均取得了 100% 的拼接成功率。EABC-RS-IR 算法的性能显著优于 EABC-IR 算法,原因在于重采样策略能在选取相同点数的情况下提高采样点集的遍历性,可以有效地纠正拼接歧义,使得拼接算法性能得到有效提升。进一步,在 EABC-RS-IR 算法的基础上加入人工蜂群算法的搜索改进策略,使得人工蜂群在保持良好探索能力的情况下具有更高的开发能力。由图 5-11 和图 5-12 可知,基于重采样策略与人工蜂群优化的点云拼接算法有效地减少了拼接时间,采用这两种策略的 EBABC-RS-IR 算法具有最快的拼接速度和最优的拼接精度。

参 考 文 献

[1] 杨福生，洪波. 独立分量分析的原理与应用[M]. 北京：清华大学出版社，2006.

[2] 谢胜利，何昭水，高鹰. 信号处理的自适应理论[M]. 北京：科学出版社，2006.

[3] 张筑生. 数学分析新讲（第二册）[M]. 北京：北京大学出版社，1990.

[4] 沈凤麟. 生物医学随机信号处理[M]. 合肥：中国科技大学出版社，1999.

[5] 童庆禧，张兵，郑兰芬. 高光谱遥感原理技术与应用[M]. 北京：高等教育出版社，2006.

[6] 段海滨，张祥银，徐春芳. 仿生智能计算[M]. 北京：科学出版社，2010.

[7] 李士勇，李研，林永茂. 智能优化算法与涌现计算[M]. 北京：清华大学出版社，2018.

[8] 李晓磊，邵之江，钱积新. 一种基于动物自治体的寻优模式：鱼群算法[J]. 系统工程理论与实践，2002，22(11)：32-38.

[9] 傅予力，沈轶，谢胜利. 基于规范高阶累积量的盲分离算法[J]. 应用数学，2006，19(4)：869-876.

[10] 凌云，高军，张汝杰，等. 随时间推移地震勘探处理方法研究[J]. 石油地球物理勘探，2001，36(2)：173-179.

[11] 周静. 心电信号中工频干扰的消除[J]. 生物医学工程研究，2003，22(4)：61-64.

[12] 王淑艳，董健，关欣. 基于自适应陷波技术的心电图工频干扰抑制研究[J]. 生物医学工程学杂志，2008，25(5)：1044-1047.

[13] 吴小培，詹长安，周荷琴，等. 采用独立分量分析的方法消除信号中的工频干扰[J]. 中国科技大学学报，2000，30(6)：671-676.

[14] 吴小培，李晓辉，冯焕清，等. 基于盲源分离方法的工频干扰消除[J]. 信号处理，2003，19(1)：81-84.

[15] 李威武，王慧，邹志君，等. 基于细菌群体趋药性的函数优化方法[J]. 电路与系统学报，2005，10(1)：58-63.

[16] 易叶青，林亚平，林牧，等. 基于遗传算法的盲源信号分离[J]. 计算机研究与发展，2006，43(2)：244-252.

[17] 覃和仁，谢胜利. 基于 QR 分解与罚函数方法的盲分离算法[J]. 计算机工程，2003，29(17)：55-57.

[18] 储颖，邵子博，纪震，等. 基于粒子群优化的快速细菌群游算法[J]. 数据采集与处理，2010，25(4)：442-448.

[19] 杜鹃，冯思臣. 复矩阵的 Givens 变换及其 QR 分解[J]. 成都理工大学学报：自然科学版，2011，38(6)：693-695.

[20] 罗文斐，钟亮，张兵. 高光谱遥感图像光谱解混的独立成分分析技术[J]. 光谱学与光谱分析，2010，30(6)：1628-1633.

[21] 李商洋，符士磊，徐丰.基于深度神经网络的可编程超表面智能波束形成[J].雷达学报，2021，10(2)：259-266.

[22] 王子超，金衍瑞，赵利群，等.基于极限梯度提升和深度神经网络共同决策的心音分类方法[J].生物医学工程学杂志，2021，38(1)：10-20.

[23] 张晓艳，张天骐，葛宛营，等.联合深度神经网络和凸优化的单通道语音增强算法[J].声学学报，2021，46(3)：471-480.

[24] 樊非之.菌群算法的研究及改进[D].保定：华北电力大学，2010.

[25] 陈雷，蔺悦，康志龙.基于衰减因子和动态学习的改进樽海鞘群算法[J].控制理论与应用，2020，37(8)：1766-1780.

[26] 陈雷，尹钧圣.高斯差分变异和对数惯性权重优化的鲸群算法[J].计算机工程与应用，2021，57(2)：77-90.

[27] 陈雷，张立毅，郭艳菊，等.基于粒子群优化的有序盲信号分离算法[J].天津大学学报，2011，44(2)：174-179.

[28] 陈雷，张立毅，郭艳菊，等.基于细菌群体趋药性的有序盲信号分离算法[J].通信学报，2011，32(4)：77-85.

[29] 陈雷，张立毅，郭艳菊，等.基于时间可预测性的差分搜索盲信号分离算法[J].通信学报，2014，35(6)：117-125.

[30] 陈雷，甘士忠，张立毅，等.基于样条插值与人工蜂群优化的非线性盲源分离算法[J].通信学报，2017，38(7)：36-46.

[31] 陈雷，韩大伟，郭艳菊，等.基于回溯搜索优化的卷积混合语音盲分离[J].计算机工程与应用，2017，53(15)：137-143.

[32] 贾志成，韩大伟，陈雷，等.基于复 Givens 矩阵与蝙蝠优化的卷积盲分离算法[J].通信学报，2016，37(7)：107-117.

[33] 孙彦慧，张立毅，陈雷，等.基于布谷鸟搜索算法的高光谱图像解混算法[J].光电子·激光，2015，26(9)：1806-1813.

[34] 李立鹏，师菲蓬，田文博，等.基于残差网络和迁移学习的野生植物图像识别方法[J].无线电工程，2021，51(9)：857-863.

[35] 贾志成，薛允艳，陈雷，等.基于去噪降维和蝙蝠优化的高光谱图像盲解混算法[J].光子学报，2016，45(5)：511001.

[36] 陈雷，郭艳菊，葛宝臻.基于微分搜索的高光谱图像非线性解混算法[J].电子学报，2017，45(2)：337-345.

[37] 陈雷，甘士忠，孙茜.基于回溯优化的非线性高光谱图像解混[J].红外与激光工程，2017，46(6)：0638001.

[38] 邹力，葛宝臻，陈雷.基于色彩信息的自适应进化点云拼接算法[J].计算机应用研究，2019，36(1)：303-307.

[39] 陈雷，张立毅，郭艳菊，等.基于时间结构盲源分离算法的工频干扰消除[J].电路与

系统学报,2010,15(4):27-32.

[40] 陈雷,张立毅,郭艳菊,等.基于粒子群优化的工频干扰消除算法[J].计算机应用研究,2010,27(9):3263-3267.

[41] 陈雷.基于群智能优化方法的盲信号分离算法研究[D].天津:天津大学,2011.

[42] 邹力.进化点云拼接技术的优化加速方法研究[D].天津:天津大学,2018.

[43] HOLLAND J H. Adaptation in natural and artificial systems[M]. Cambridge:The MIT Press,1992.

[44] YANG X S. A new metaheuristic bat-inspired algorithm [M]. Nature inspired cooperative strategies for optimization (NICSO 2010). Studies in Computational Intelligence,Springer Berlin Heidelberg,2010.

[45] HYVARINEN A,KARHUNEN J,OJA E. Independent component analysis[M]. New York:John Wiley and Sons,2001.

[46] FREEDMA D,PISANI R,PURVES R. Statistics[M]. New York:W. W. Norton & Company,2007.

[47] HAPKE B. Theory of reflectance and emittance spectroscopy [M]. Cambridge:Cambridge University Press,1993.

[48] STONE J V. Independent component analysis:A Tutorial Introduction [M]. Cambridge,MIT Press,2004.

[49] BERNARDO J,SMITH A. Bayesian theory[M]. New York,Wiley Press,1994.

[50] JOLLIFFE I T. Principal component analysis[M]. New York:Springer,2002.

[51] CICHOCKI A,THAWONMAS R,AMARI S-I. Sequential blind signal extraction in order specified by stochastic properties[J]. Electronics Letters,1997,33(1):64-65.

[52] BREMERMANN H J. Chemotaxis and optimization [J]. Journal of the Franklin Institute,1974,297(5):397-404.

[53] KENNEDY J,EBERHART R C. Particle swarm optimization[C]. Proceedings of ICNN'95-International Conference on Neural Networks,Perth,WA,1995,4:1942-1948.

[54] DORIGO M,GAMBARDELLA L M. Ant colony system:A cooperative learning approach to the traveling salesman problem[J]. IEEE Transactions on Evolutionary Computation,1997,1(1):53-66.

[55] PASSINO K M. Biomimicry of bacterial foraging for distributed optimization and control[J]. IEEE Control System Magazine,2002,22(3):52-67.

[56] KARABOGA D,BASTURK B. A powerful and efficient algorithm for numerical function optimization:artificial bee colony (ABC) algorithm[J]. Journal of Global Optimization,2007,39(3):459-471.

[57] YANG X S,DEB S. Cuckoo search:recent advances and applications[J]. Neural

Computing and Applications，2014，24(1)：169-174.

[58] CIVICIOGLU P. Transforming geocentric cartesian coordinates to geodetic coordinates by using differential search algorithm[J]. Computers and Geosciences，2012，46：229-247.

[59] HEIDARI A A，MIRJALILI S，FARIS H，et al. Harris hawks optimization：Algorithm and applications[J]. Future generation computer systems，2019，97：849-872.

[60] MIRJALILI S，GANDOMI A H，MIRJALILI S S Z，et al. Salp swarm algorithm：a bio-inspired optimizer for engineering design problems[J]. Advances in Engineering Software，2017，114：163-191.

[61] JAIN M，SINGH V，RANI A. A novel nature-inspired algorithm for optimization：Squirrel search algorithm [J]. Swarm and evolutionary computation，2019，44：148-175.

[62] FARAMARZI A，HEIDARINEJAD M，MIRJALILI S，et al. Marine Predators Algorithm：A nature-inspired metaheuristic [J]. Expert Systems with Applications，2020，152：113377.

[63] XUE J K，SHEN B. A novel swarm intelligence optimization approach：sparrow search algorithm [J]. Systems Science & Control Engineering，2020，8(1)：22-34.

[64] ABUALIGAH L，YOUSRI D，ELAZIZ M A，et al. Aquila optimizer：a novel meta-heuristic optimization algorithm [J]. Computers & Industrial Engineering，2021，157：107250.

[65] SHI Y，EBERHART R. A modified particle swarm optimizer[C]. Proceedings of 1998 IEEE World Congress on Computational Intelligence，Anchorage，AK，1998：69-73.

[66] MULLER S D，MARCHETTO J，AIRAGHI S，et al. Optimization based on bacterial chemotaxis[J]. IEEE Transactions on Evolutionary Computation，2002，6(1)：16-29.

[67] CIVICIOGLU P. Backtracking search optimization algorithm for numerical optimization problems[J]. Applied Mathematics and Computation，2013，219(15)：8121-8144.

[68] MIRJALILI S，LEWIS A. The whale optimization algorithm [J]. Advances in Engineering Software，2016，95：51-67.

[69] YANG H H，AMARI S -I. Adaptive on-line learning algorithm for blind separation：Maximum entropy and minimum mutual information[J]. Neural Computation，1997，9(7)：1457-1482.

[70] CARDOSO J F. Infomax and maximum likelihood for source separation[J]. IEEE

Signal Processing Letters, 1997, 4(4): 112-114.

[71] CARDOSO J F. High-order contrasts for independent component analysis[J]. Neural Computation, 1999, 11(1): 157-192.

[72] DELFOSSE N, LOUBATON P. Adaptive blind separation of independent sources: A deflation approach[J]. Signal Processing, 1995, 45(1): 59-83.

[73] COMON P. Independent component analysis-a new concept? [J]. Signal Processing, 1994, 36(3): 287-314.

[74] HYVARINEN A. New approximations of differential entropy for independent component analysis and projection pursuit [J]. Advances in Neural Information Processing Systems 10, 1997: 273-279.

[75] BERG H C, BROWN D A. Chemotaxis in Escherichia coli analyzed by three-dimensional tracking[J]. Nature, 1972, 239: 500-504.

[76] KURAYA M, UCHIDA A, YOSHIMORI S, et al. Blind source separation of chaotic laser signals by independent component analysis[J]. Optics Express, 2008, 16(2): 725-730.

[77] MATILAINEN M, NORDHAUSEN K, OJA H. New independent component analysis tools for time series[J]. Statistics & Probability Letters, 2015, 105: 80-87.

[78] DIAMANTARAS K I, PAPADIMITRIOU T. Applying PCA neural models for the blind separation of signals[J]. Neurocomputing, 2009, 73(1-3): 3-9.

[79] STONE J V. Blind source separation using temporal predictability [J]. Neural Computation, 2001, 13(7): 1559-1574.

[80] KARABOGA D. An idea based on honey bee swarm for numerical optimization[R]. Technical Report-TR06, Erciyes University, 2005.

[81] GAO W F, LIU S Y. A Modified artificial bee colony algorithm[J]. Computers & Operations Research, 2012, 39(3): 687-697.

[82] HYVARINEN A. Fast and robust fixed-point algorithms for independent component analysis[J]. IEEE Transactions on Neural Networks, 1999, 10(3): 626-634.

[83] BOFILL P, ZIBULEVSKY M. Underdetermined blind source separation using sparse representations[J]. Signal Processing, 2001, 81(11): 2353-2362.

[84] GORRIZ J M, PUNTONET T C G, ROJAS F. Optimizing blind source separation with guided genetic algorithms[J]. Neurocomputing, 2006, 69(13-15): 1442-1457.

[85] LI X L, ADALI T. Complex independent component analysis by entropy bound minimization[J]. IEEE Transactions on Circuits and Systems I: Regular Papers, 2010, 57(7): 1417-1430.

[86] NOVEY M, ADALI T. ICA by maximization of nongaussianity using complex functions[C]. IEEE Workshop on Machine Learning for Signal Processing, Mystic

CT，2005：21-26.

[87] BINGHAM E，HYVARINEN A. A fast fixed- point algorithm for independent component analysis of complex valued signals[J]. International Journal of Neural Systems，2000，10(1)：1-8.

[88] LEE I，KIM T，LEE T W. Fast fixed-point independent vector analysis algorithms for convolutive blind source separation[J]. Signal Processing，2007，87(8)：1859-1871.

[89] LI H，ADALI T. A class of complex ICA algorithms based on the kurtosis cost function[J]. IEEE Transactions on Neural Networks，2008，19(3)：408-420.

[90] MATSUOKA K. Minimal distortion principle for blind source separation[C]. The 41st SICE Annual Conference，Osaka，2002，4：2138-2143.

[91] BIOUCAS-DIAS J，A. PLAZA，G. CAMPS-VALLS，et al. Hyperspectral remote sensing data analysis and future challenges[J]. IEEE Geoscience and Remote Sensing Magazine，2013，1(2)：6-36.

[92] PU H，XIA W，WANG B，et al. A fully constrained linear spectral unmixing algorithm based on distance geometry[J]. IEEE Transactions on Geoscience and Remote Sensing，2014，52(2)：1157-1176.

[93] KESHAVA N，MUSTARD J F. Spectral unmixing[J]. IEEE Signal Processing Magazine，2002，19(1)：44-57.

[94] BOARDMAN J W，KRUSE F A，GREEN R O. Mapping target signatures via partial unmixing of AVIRIS data：in Summaries[C]. In Proceedings of Fifth JPL Airborne Earth Science Workshop，1995：23-26.

[95] WINTER M E. N-FINDR：An algorithm for fast autonomous spectral endmember determination in hyperspectral data[C]. In Proceedings of SPIE Image Spectrometry V，Valencia，1999，3753：266-277.

[96] NEVILLE R A，STAENZ K，SZEREDI T，et al. Automatic endmember extraction from hyperspectral data for mineral exploration[C]. In Proceedings of Canadian Symposium on Remote Sensing，1999：21-24.

[97] Nascimento J M P. Dias. J M B. Vertex component analysis：a fast algorithm to unmix hyperspectral data[J]. IEEE Transactions on Geoscience and Remote Sensing，2005，43(4)：898-910.

[98] CHANG C -I，WU C -C，LIU W，et al. A new growing method for simplex-based endmember extraction algorithm[J]. IEEE Transactions on Geoscience and Remote Sensing，2006，44(10)：2804-2819.

[99] GRUNINGER J，RATKOWSKI A，HOKE M. The sequential maximum angle convex cone (SMACC) endmember modelin[C]. In Proceedings of SPIE Algorithms and Technologies for Multispectral，Hyperspectral，and Ultraspectral Imagery X，

Orlando，Florida，2004，5425：1-14.

[100] CHAN T-H，MA W-K，AMBIKAPATHI A，et al. A simplex volume maximization framework for hyperspectral endmember extraction [J]. IEEE Transactions on Geoscience and Remote Sensing，2011，49(11)：4177-4193.

[101] LI J，BIOUCAS-DIAS J. Minimum volume simplex analysis：A fast algorithm to unmix hyperspectral data [C]. Proceedings of IEEE International Geoscience and Remote Sensing Symposium，Boston，MA，2008，3：250-253.

[102] BIOUCAS-DIAS J M. A variable splitting augmented lagragian approach to linear spectral unmixing[C]. In Proceedings of First Workshop on Hyperspectral Image and Signal：Evolution in Remote Sensing，Grenoble，2009：1-4.

[103] MIAO L，QI H. Endmember extraction from highly mixed data using minimum volume constrained nonnegative matrix factorization [J]. IEEE Transactions on Geoscience and Remote Sensing，2007，45(3)：765-777.

[104] AMBIKAPATHI A，CHAN T-H，MA W-K，et al. Chance-constrained robust minimum-volume enclosing simplex algorithm for hyperspectral unmixing[J]. IEEE Transactions on Geoscience and Remote Sensing，2011，49(11)：4194-4209.

[105] HEINZ D C，CHANG C I. Fully constrained least squares linear spectral mixture analysis method for material quantification in hyperspectral imagery [J]. IEEE Transactions on Geoscience and Remote Sensing，2001，39(3)：529-545.

[106] HEYLEN R，BURAZEROVIC D，SCHEUNDERS P. Fully constrained least squares spectral unmixing by simplex projection [J]. IEEE Transactions on Geoscience and Remote Sensing，2011，49(11)：4112-4122.

[107] BAYLISS J，GUALTIERI J A，ROBERT F C. Analyzing hyperspectral data with independent component analysis [C]. Proceedings of 26th AIPR Workshop：Exploiting New Image Sources and Sensors，1998，3240：133-143.

[108] TU T M. Unsupervised signature extraction and separation in hyperspectral images：A noise-adjusted fast independent component analysis approach [J]. Optical Engineering，2000，39(4)：897-906.

[109] BIOUCAS-DIAS J M，PLAZA A，DOBIGEON N，et al. Hyperspectral unmixing overview geometrical，statistical，and sparse regression based approaches[J]. IEEE Journal of Selected Topics in Applied Earth Observations and Remote Sensing，2012，5(2)：354-379.

[110] WANG J，CHANG C-I. Applications of independent component analysis in endmember extraction and abundance quantification for hyperspectral imagery[J]. IEEE Transactions on Geoscience and Remote Sensing，2006，44(9)：2601-2616.

[111] NASCIMENTO J，BIOUCAS-DIAS J. Does independent component analysis play a

role in unmixing hyperspectral data? [J]. IEEE Transactions on Geoscience and Remote Sensing, 2005, 43(1): 175-187.

[112] NASCIMENTO J M P, BIOUCAS-DIAS J M. Hyperspectral unmixing algorithm via dependent component analysis[C]. Proceedings of IEEE International Geoscience and Remote Sensing Symposium, Barcelona, 2007: 4033-4036.

[113] XIA W, LIU X, WANG B, et al. Independent component analysis for blind unmixing of hyperspectral imagery with additional constraints[J]. IEEE Transactions on Geoscience and Remote Sensing, 2011, 49(6): 2165-2179.

[114] HAPKE B. Bidirectional reflectance spectroscopy: I. Theory [J]. Journal of Geophysical Research: Solid Earth, 1981, 86(B4): 3039-3054.

[115] DOBIGEON N, TOURNERET J Y, RICHARD C, et al. Nonlinear unmixing of hyperspectral images: models and algorithms [J]. IEEE Signal Processing Magazine, 2014, 31(1): 82-94.

[116] FAN W Y, HU B X, MILLER J, et al. Comparative study between a new nonlinear model and common linear model for analysing laboratory simulated-forest hyperspectral data[J]. International Journal of Remote Sensing, 2009, 30(11): 2951-2962.

[117] HALIMI A, ALTMANN Y, DOBIGEON N, et al. Nonlinear unmixing of hyperspectral images using a generalized bilinear model[J]. IEEE Transactions on Geoscience and Remote Sensing, 2011, 49(11): 4153-4162.

[118] HALIMI A, ALTMANN Y, Dobigeon N, et al. Unmixing hyperspectral images using the generalized bilinear model[C]. IEEE International Geoscience and Remote Sensing Symposium, Vancouver: IEEE, 2011: 1886-1889.

[119] ALTMANN Y, HALIMI A, DOBIGEON N, et al. Supervised nonlinear spectral unmixing using a postnonlinear mixing model for hyperspectral imagery [J]. IEEE Transactions on Image Processing, 2012, 21(6): 3017-3025.

[120] PLAZA J, PLAZA A, PEREZ R, et al. Joint linear/nonlinear spectral unmixing of hyperspectral image data [C]. 2007 IEEE International Geoscience and Remote Sensing Symposium, Barcelona: IEEE, 2007: 4037-4040.

[121] BIOUCAS-DIAS J M, FIGUEIREDO M A T. Alternating direction algorithms for constrained sparse regression: application to hyperspectral unmixing[C]. Proceedings of IEEE GRSS Workshop on Hyperspectral Image and Signal Processing, Reykjavik, 2010: 1-4.

[122] ZORTEA M, PLAZA A. A quantitative and comparative analysis of different implementations of N-FINDR: A fast endmember extraction algorithm[J]. IEEE Geoscience and Remote Sensing Letters, 2009, 6(4): 787-791.

[123]   PLUMBLEY M D. Algorithms for nonnegative independent component analysis[J]. IEEE Transactions on Neural Networks, 2003, 14(3): 534-543.

[124]   YANG X S, DEB S. Cuckoo search: recent advances and applications[J]. Neural Computing and Applications, 2014, 24(1): 169-174.

[125]   SONG M, CHANG C I. A theory of recursive orthogonal subspace projection for hyperspectral imaging[J]. IEEE Transactions on Geoscience and Remote Sensing, 2015, 53(6): 3055-3072.

[126]   DOBIGEON N, TOURNERET J Y, CHANG C I. Semi-supervised linear spectral unmixing using a hierarchical bayesian model for hyperspectral imagery[J]. IEEE Transactions on Signal Processing, 2008, 56(7): 2684-2695.

[127]   BESL P J, MCKAY N D. A method for registration of 3-D shapes[J]. IEEE Transactions on pattern analysis and machine intelligence, 1992, 14(2): 239-256.

[128]   MIRJALILI S. Moth-flame optimization algorithm: a novel natureinspired heuristic paradigm[J]. Knowledge-Based Systems, 2015, 89: 228-249.

[129]   SANTAMARIA J, DAMAS S, CORDON O, et al. Self-adaptive evolution toward new parameter free image registration methods [J]. IEEE Transactions on Evolutionary Computation, 2013, 17(4): 545-557.

[130]   GAO W F, LIU S Y, HUANG L L. Enhancing artificial bee colony algorithm using more information-based search equations [J]. Information Sciences, 2014, 270: 112-133.

[131]   CHEN L, ZHANG L Y, GUO Y J, et al. Blind source separation based on covariance ratio and artificial bee colony algorithm[J]. Mathematical Problems in Engineering, 2014: 484327.

[132]   CHEN L, LI L J, KUANG W Y. A hybrid multiverse optimisation algorithm based on differential evolution and adaptive mutation[J]. Journal of Experimental & Theoretical Artificial Intelligence, 2021, 33(2): 239-261.

[133]   CHEN L, TIAN Y, Ma Y P. An improved grasshopper optimization algorithm based on dynamic dual elite learning and sinusoidal mutation[J]. Computing, 2022, 104: 981-1015.

[134]   FEI T, WU X X, ZHANG L Y, ZHANG Y, CHEN L. Research on improved ant colony optimization for traveling salesman problem[J]. Mathematical Biosciences and Engineering, 2022, 19(8): 8152-8186.

[135]   XU W, ZHANG R F, CHEN L. An improved crow search algorithm based on oppositional forgetting learning[J]. Applied Intelligence, 2022, 52: 7905-7921.

[136]   CHEN L, KUANG W Y, FU K. A resample strategy and artificial bee colony optimization-based 3d range imaging registration[J]. Computer Vision and Image

Understanding. 2018，175：44-51.

[137] ZOU L，GE B Z，CHEN L. Range image registration based on hash map and moth-flame optimization[J]. Journal of Electronic Imaging，2018，27(2)：023015.

[138] LI Y，ZHANG L Y，CHEN L. Spectral-spatial hyperspectral image classification based on capsule network with limited training samples[J]. International Journal of Remote Sensing，2022，43(8)：3049-3081.

[139] MU Q S，KANG Z L，GUO Y J，et al. Hyperspectral image classification of wolfberry with different geographical origins based on three-dimensional convolutional neural network[J]. International Journal of Food Properties，2021，24(1)：1705-1721.

[140] MA YUNPENG，CHANG CHANG，LIN ZEHUA，et al. Modified marine predators algorithm hybridized with teaching-learning mechanism for solving optimization problems[J]. Mathematical Biosciences and Engineering，2023，20(1)：93-127.

[141] CHEN LEI，SONG NA，MA YUNPENG. Harris hawks optimization based on global cross-variation and tent mapping[J]. The Journal of Supercomputing，2023，79：5576-5614.

[142] SAREMI S，MIRJALILI S，LEWIS A. Grasshopper optimisation algorithm：theory and application[J]. Advances in Engineering Software，2017，105(3)：30-47.